KB173482

사계절

# 맛있는 채소 솥밥 보양식

55가지 채식 솥밥과 10가지 잡곡 이야기

최윤정 지음

# 사계절
# 맛있는 채소 솥밥 보양식

**초판 1쇄 발행** · 2023년 5월 1일
**초판 3쇄 발행** · 2024년 5월 13일

**지은이** · 최윤정

**발행인** · 우현진
**발행처** · 주식회사 용감한 까치
**출판사 등록일** · 2017년 4월 25일
**팩스** · 02)6008-8266
**홈페이지** · www.bravekkachi.co.kr
**이메일** · aoqnf@naver.com

**기획 및 책임편집** · 우혜진
**마케팅** · 리자
**사진** · 내부순환스튜디오 김지훈 **푸드** · 마리네이드 홍지희, 김유민, 신수진 **푸드 촬영 진행** · 김소영
**디자인** · 죠스 **교정교열** · 이정현
**협찬 제공** · Vermicular / TWL Shop / 놋담 / 무쎄 / 이천미감 / 말랭이여사 / 담은수 / 카모메키친
**CTP 출력 및 인쇄 · 제본** · 이든미디어



ISBN 979-11-91994-15-5(13590)


**정가** 22,000원

## 세상에서 가장 용감한 고양이 '까치'

동물 병원 블랙리스트 까치. 예쁘다고 만지는 사람들 손을 마구 물고 할퀴며 사나운 행동을 일삼아 못된 고양이로 소문이 났지만, 사실 까치는 누구보다도 사람들을 사랑하는 고양이예요. 사람들과 친해지고 싶은 마음에 주위를 뱅뱅 맴돌지만, 정작 손이 다가오는 순간에는 너무 무서워 할퀴고 보는 까치.

그러던 어느 날, 사람들에게 미움만 받고 혼자 울고 있는 까치에게 한 아저씨가 다가와 손을 내밀었어요. "만져도 되겠니?"라는 말과 함께 천천히 기다려준 그 아저씨는 "인생은 가까이에서 보면 비극이지만, 멀리서 보면 코미디란다"라는 말만 남기고 휭하니 가버리는 게 아니겠어요?

울고 있던 겁 많은 고양이 까치는 아저씨 말에 마지막으로 한 번 더 용기를 내보기로 했어요. 용기를 내 '용감'하게 사람들에게 다가가 마음을 표현하기로 결심했죠. 그래도 아직은 무서우니까, 용기를 잃지 않기 위해 아저씨가 입던 옷과 똑같은 옷을 입고 길을 나섭니다. '인생은 코미디'라는 말처럼, 사람들에게 코미디 같은 뻥 뚫리는 즐거움을 줄 수 있는 뚫어뻥 마법 지팡이와 함께 말이죠.

과연 겁 많은 고양이 까치는 세상에서 가장 용감한 고양이가 될 수 있을까요? 세상에서 가장 용감한 고양이 까치의 여행을 함께 응원해주세요!

〔PROLOGUE〕

# 더 맛있게
# 더 예쁘게
# 더 건강하게

매일 일상처럼 습관처럼 짓는 솔밥을 '더 맛있게, 더 예쁘게, 더 건강하게' 만들려고 궁리하다 보니 어느새 두 번째 책이 완성됐습니다.

솔밥은 파스타와 비슷하단 생각이 들어요. 쌀과 잡곡, 그에 어울리는 궁합의 식재료만 선택한다면 반찬이 필요 없는 완벽한 한 그릇을 만들 수 있잖아요.

이번 책에선 잡곡과 채식을 주제로 솔밥 레시피를 다양하게 풀어봤어요. 고슬고슬 갓 지은 솔밥을 먹고 싶지만 건강상 백미밥이 부담스러운 분들, 그리고 채소를 듬뿍 넣은 솔밥을 원하는 분들을 위해서요. 특히 2022년 솔밥책 1권을 출간한 이후 잡곡 솔밥 레시피 관련 질문들을 꾸준히 받았답니다.

요즘 많은 분들이 건강과 환경을 위해 채식에 관심을 가지기 시작했지만, 채소만으로 식탁을 차려야 한다는 부담감이 꽤 크게 느껴지잖아요. 하지만 걱정만큼 그렇게 어렵지 않답니다. 우리가 흔히 먹는 비빔밥, 떡볶이, 두부전, 콩국수, 팔빙수도 채식 메뉴예요.

뭔가 복잡하고 그럴싸한 채식 요리보다는 된장찌개에 고기 대신 쫄깃한 표고버섯을 듬뿍 넣어 끓이고, 아삭거리는 뿌리채소를 들기름에 노릇하게 굽는 것만으로 충분하지 않을까요?

대신 채소에 곁들이는 기름과 소금 등 기본 양념은 꼭 좋은 제품을 사용하세요. 참기름과 들기름은 동네 방앗간에서 직접 짜낸 진하고 신선한 제품을 구입하고, 푸릇한 풍미가 매력적인 이탈리아산 고급 올리브 오일과 발사믹 식초를 선택합니다. 특히 어떤 소금을 사용하느냐에 따라 음식의 맛이 확 달라지기 때문에 전통 방식을 고수하는 최고 품질의 천일염을 추천할게요. 결정 형태의 바스락거리는 소금이 채소 본연의 풍미를 한껏 끌어올려주거든요.

현미, 보리, 귀리로 지은 잡곡 솥밥과
무, 버섯, 양배추를 듬뿍 올린
채소 솥밥으로
가볍게 채식을 시작해보세요.
친숙하고 맛있으면서
쉽게 실천할 수 있는
건강한 채식 밥상이 될 거라고 생각합니다.

대부분의 잡곡은 일반 백미보다 겉이 단단하기 때문에 불리거나 끓이는 시간이 오래 걸릴 수밖에 없어요. 그에 따라 자연스레 관심과 정성이 더 들어가겠죠? 그만큼 건강에도 많은 도움이 될 거고요.

자극적인 양념 대신 식재료 고유의 맛을 살린, 제대로 챙겨 먹을 수 있는 솥밥을 소중한 나 자신과 가족에게 선물해보세요. 밥물 끓는 소리와 함께 구수한 밥 냄새에 식탁을 차리는 일상이 즐거워지고, 의외로 쉬운 요리법으로 생각보다 근사한 한 그릇을 마주할 때마다 매일 조금 더 행복해질 거예요.

류니키친 솥밥 레시피를 아껴주고 좋아해주셔서 다시 한번 감사드려요. 하늘에 계신 어머니께, 든든한 버팀목인 아버지께, 사랑하는 남편과 멘마, 우리 가족, 그리고 나의 은인 혜숙 언니와 한결같이 응원해주는 친구들에게 고맙다는 인사를 전하고 싶습니다. 사랑합니다.

〔CONTENTS 목차〕

PROLOGUE

004 매일 갓 지은 고슬고슬한 밥 이야기

**012 일러두기**

**064 많이 하는 질문**

**intro I 솥밥 요리의 기본**

014 계량

015 재료 썰기

018 솥밥에 사용하는 솥 소개

020 솥밥에 알맞은 쌀

022 기본 채수 만들기

024 채식 쯔유 만들기

026 채소 솥밥에 맛을 더해줄 양념

028 곁들일 양념

030 채소 말랭이

032 고기 대신 식감을 낼 수 있는 솥밥 토핑

034 마지막에 올리는 채소 토핑

036 기본 흰쌀 솥밥 만들기

038 남은 솥밥 활용법

## intro Ⅱ 잡곡 솥밥

044 현미솥밥
046 흑미솥밥
048 수수솥밥
050 키노아솥밥
052 보리솥밥
054 차조솥밥
056 녹두솥밥
058 귀리솥밥
060 서리태솥밥
062 율무솥밥

## PART 01 화이트

070 화이트아스파라거스솥밥
074 새송이버섯무솥밥
078 더덕튀김곤드레솥밥
082 양파양송이버섯솥밥
086 우엉밤솥밥
090 죽순참나물솥밥
094 마표고버섯솥밥
098 연근들깨솥밥
102 콜리플라워솥밥
106 마늘파슬리솥밥

## PART 02 옐로

114 단호박양파튀김솥밥
118 옥수수카레솥밥
122 고구마청경채솥밥
126 낫토양상추솥밥
130 콩나물묵은지솥밥
134 유부섬초솥밥
138 숙주마늘종솥밥
142 햇생강솥밥
146 돼지호박양배추솥밥
150 미니당근아스파라거스솥밥

## PART 03 퍼플

160 가지셀러리솥밥
164 고사리감태솥밥
168 블랙올리브솥밥
172 목이버섯죽순솥밥
176 톳두부솥밥
180 말린나물솥밥
184 김꽈리고추솥밥
188 검은깨뿌리채소솥밥
192 미역들깨솥밥
196 통들깨참송이버섯솥밥

## PART 04 그린

204 그린빈완두콩솥밥
208 쪽파포르치니솥밥
212 아스파라거스호두솥밥
216 시금치매생이솥밥
220 취나물애호박솥밥
224 매콤갓김치솥밥
228 냉이무나물솥밥
232 브로콜리니양배추솥밥
236 달래튀김피망솥밥
240 오이옥수수솥밥

## PART 05 레드

248 토마토무말랭이솥밥
252 고추장채소솥밥
256 적양파감자솥밥
260 파프리카아보카도솥밥
264 우메보시솥밥
268 래디시브로콜리솥밥
272 방울토마토양송이솥밥
276 매콤무조림대파솥밥
280 팥시래기솥밥
284 비트병아리콩솥밥

## 일러두기

본 책의 레시피는 비건 또는 비건식으로
대체 가능한 재료를 가지고 만들 수 있는
채식 레시피입니다.

- 첫 솥밥은 꼭 기본 흰쌀 솥밥으로 만들어보세요.
- 집집마다 냄비와 불 세기가 다르기 때문에 기본 흰쌀 솥밥을 1~2번 만들어보며 불 조절을 가늠해보세요.
- 모든 레시피는 2~3인분 기준입니다. 건쌀 100㎖당 1인분이라고 생각하면 돼요.
- 쌀 양이 늘어난다면, 그에 맞게 비율적으로 채수와 다른 식재료 양을 늘려야 합니다. 끓이는 시간도 더 길게 잡아주세요.
- 본문에 소개한 솥밥 레시피에 들어가는 채수는 책 앞부분에 설명한 채수 끓이는 법(P. 022)을 참고하세요.
- 채수, 버섯 우린 물, 찻물 중에서 취향껏 골라 사용하시면 됩니다.
- 기본 잡곡 솥밥 레시피(P. 041)를 활용해 본문에 소개된 다양한 채식 솥밥을 만들 수 있습니다.
- 각각 잡곡의 종류에 맞게 충분히 불린 후, 솥에 담고 끓이는 과정을 참고해주세요.
- 솥밥 보관 가능 기간은 냉장 2일, 냉동 2주일입니다.
- 완전한 비건식을 원하지 않는 분들은 비건 버터, 비건 마요네즈 등의 비건 제품을 버터, 마요네즈 등의 일반 재료로 대체해 사용하세요. 분량은 동일합니다.
- 더 다양한 솥밥 레시피 영상은 유튜브 '류니키친'에서 확인할 수 있습니다.
- 대체적으로 심심한 간의 레시피이므로, 28page '곁들일 양념'을 참고하여 취향껏 양념을 곁들여도 좋아요.

# intro I 솥밥 요리의 기본


계량

재료 썰기

솥밥에 사용하는 솥 소개

솥밥에 알맞은 쌀

기본 채수 만들기

채식 쯔유 만들기

채소 솥밥에 맛을 더해줄 양념

곁들일 양념

채소 말랭이

고기 대신 식감을 낼 수 있는 솥밥 토핑

마지막에 올리는 채소 토핑

기본 흰쌀 솥밥 만들기

남은 솥밥 활용법

## 계량

· 계량은 500㎖ 계량컵과 계량스푼으로 하고 있어요.
· 대략 솥밥 1인분을 쌀 100㎖로 생각하고 밥을 지으면 편할 거예요. 쌀은 '불리기 전 쌀'을 기준으로 한다는 걸 기억해주세요.
· 책에서 소개하는 레시피는 모두 쌀 300㎖를 기준으로 하며, 2~3인분입니다.
· 평소 식사량이 적은 경우 쌀 200㎖ 정도면 2명이 먹기 딱 적당할 거예요.
· 기본적으로 쌀과 채수를 1:1 비율로 넣고 솥밥을 지어야 고슬고슬한 느낌을 살릴 수 있습니다.
· 햅쌀은 평소보다 밥물을 10% 정도 덜 잡고 묵은쌀은 반대로 더 넣어주세요.
· 재료 자체에서 물이 많이 나오는 버섯, 콩나물, 무 같은 채소를 얹을 때는 채수 양을 평소보다 적게 잡아야 합니다.
· 쌀 양이 늘어나면 다른 재료들도 비율을 맞춰 늘리고 끓이는 시간도 늘려야 한다고 생각하세요.
· 6인분 이상일 경우에는 솥을 2개로 나누어 밥을 짓는 것이 물 조절, 불 조절을 하기에는 훨씬 수월합니다.

1큰술 15㎖
1작은술 5㎖

## 재료 썰기

요리의 맛과 식감을 살려주는 재료 썰기. 같은 재료라도 어떻게 써느냐에 따라 맛과 식감이 확연하게 차이 난답니다. 빠른 속도로 칼질하기보다는 일정한 두께와 가지런한 모양으로 차근차근 썰어보세요. 기본 재료 썰기에 익[illegible] 요리하는 시간이 더 즐거워질 거예요.

깍둑썰기 두부나 감자를 주사위 모양으로 써는 방법으로 깍두기 형태를 생각하면 돼요.
편 썰기
마늘, 생밤, 표고버섯 등을 모양 그대로 얇게 썰 때 사용하는 방법이에요.
십자썰기 무, 당근, 애호박 등의 동그란 모양을 살려 썰고 4등분합니다.
한입 크기 썰기 한입에 들어갈 수 있는 크기로 써는 방법. 보통 카레나 찌개용 채소를 썰 때 활용해요.
반달썰기 감자, 고구마, 호박을 가로로 2등분하고 세로로 한 번 더 썰어요.
어슷썰기 오이, 우엉 같은 길쭉한 재료를 적당한 두께로 비스듬하게 썰어주세요.
총총 썰기 대파와 쪽파를 가로로 길게 놓고 세로로 평행이 되게 내려 써는 방법이에요.
채썰기 원하는 길이로 잘라 얇게 편 썰고, 다시 일정한 두께로 가늘게 썰어주세요.
결대로 찢기 보통 버섯을 칼로 자르는 대신 손을 사용해 결대로 찢어줍니다.

### 솥밥에 사용하는 솥 소개

어느 솥으로든 맛있는 밥을 지을 수 있습니다. 다만 솥의 재질과 디자인에 따라 불 조절과 끓이는 시간이 다르기에 그 부분만 잘 파악해서 밥을 지으면 돼요. 처음 사용하는 솥이라면 불 조절과 시간을 가늠하기 위해 꼭 흰쌀만 넣은 기본 솥밥부터 만들어봐야 합니다. 오롯이 달큼한 밥맛을 즐기고 싶은 분들에겐 이중 뚜껑 도기 솥을, 고기나 생선 등 여러 재료를 얹는 솥밥엔 코팅 무쇠 냄비를 추천할게요.

**1. 스테인리스 스틸 냄비** 솥밥 전용 솥이 없을 땐, 일단 국이나 찌개를 끓이는 스테인리스 스틸 냄비를 활용해보세요. 밥이 눌어붙지 않도록 통 3중 혹은 통 5중 냄비를 고르는 것이 좋아요.

**2. 돌솥** 100% 자연석으로 만든 솥으로 밥과 누룽지, 숭늉을 한번에 즐기기 좋아요. 뜸을 잘 들였을 때 누룽지 향이 솥밥에 고스란히 배어 입안 가득 구수함이 퍼져요. 단, 불 조절에 익숙하지 않으면 바닥이 탈 수도 있으니 유의하세요.

**3. 유기 냄비** 일반 솥이나 냄비보다 밥이 더 찰기 있게 됩니다. 유기 자체에서 소량의 미네랄을 배출해 영양 면에서도 뛰어나요. 조리 방법과 시간은 무쇠 냄비와 동일합니다. 반짝이는 유기 냄비는 생각보다 관리하기 쉬워요.(추천 : 놋담 유기 냄비)

**4. 코팅 무쇠 냄비** 전체적으로 에나멜 코팅이 되어 있는 무쇠 주물로 만든 냄비. 시즈닝이 필요 없어 세척과 관리가 간편합니다. 가장 흔하게 사용하는 솥밥 냄비예요. 밥이 좀 더 고슬고슬하게 됩니다. 식재료 자체의 수분을 잘 잡아줘서 무수분 요리를 할 때도 유용하더라고요.(추천 : 버미큘라 무쇠 냄비 18㎝)

**5. 이중 뚜껑 도기** 뚜껑을 2개 겹쳐 덮는 도기 솥이에요. 2개의 뚜껑이 자동으로 온도와 습도를 조절해 따로 불 조절할 필요가 없어요. 중간 불로 끓이다가 수증기가 올라오기 시작하면 불을 끈 후 뜸을 들입니다. 무쇠 냄비보다 찰진 밥맛을 낼 수 있어요. 세제를 사용하지 않고 세척한 후 물기를 바짝 말려 줍니다.(추천 : 아즈마야 이가 도기 솥)

**6. 법랑 냄비** 금속 재질에 유리질 유약을 발라 고온에 구운 법랑 냄비는 매끄러운 표면과 아름다운 색감이 특징이에요. 열전도율이 높아 조리를 빨리 할 수 있고 다른 솥보다 가벼운 게 장점입니다.(추천 : 덴스크 법랑 냄비)

④ ⑤ ⑥

## 솥밥에 알맞은 쌀

쌀은 솥밥에서 가장 기본적이며 중요한 재료입니다. 잘 고른 쌀을 사용하면 기분 좋은 밥 내음과 고슬고슬한 식감, 씹을수록 달콤해지는 밥맛을 즐길 수 있어요. 갓 지은 따끈한 솥밥 한 그릇이면 특별한 반찬이 필요 없답니다.

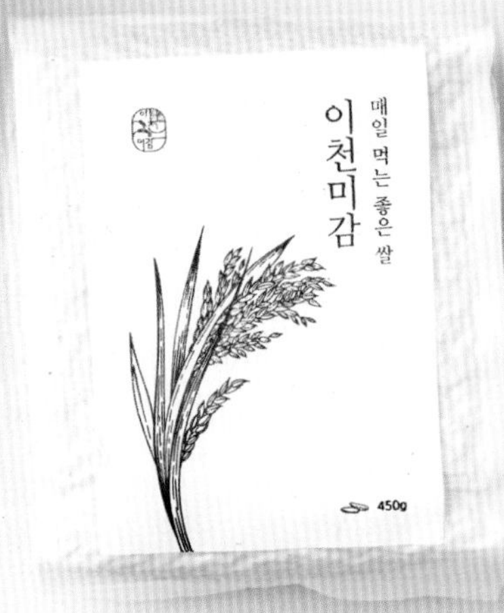


### 좋은 쌀, 맛있는 쌀은 어떤 기준으로 선택해야 할까요?

· **품종 확인하기** 혼합미가 아닌 단일 품종을 추천해요. 포장지 뒷면에 쓰인 쌀 품종을 꼭 확인하세요.

· **생산 날짜 확인하기** 오래된 쌀보다 올해 수확한 신선한 햅쌀이 더 윤기 나고 맛있어요.

· **도정 일자 확인하기** 최근에 도정한 쌀일수록 좋아요. 도정 후 1개월이 지나면 신선도와 맛이 떨어집니다.

※ 솥밥을 지을 땐 쌀을 꼭 불려서 사용합니다. 찬물에 쌀이 부서지지 않도록 가볍게 씻어내고 체에 밭쳐 물기를 뺀 상태로 '마른 불림' 해주세요. 그래야 물 냄새나 잡내가 섞이지 않고 고슬고슬거리는 식감을 유지합니다.

## 쌀 품종 추천

**고시히카리** 솥밥에 가장 어울리는 쌀은 고시히카리라고 생각해요. 쌀알이 맑고 투명한 것이 특징으로 밥을 지으면 쫀득하고 고슬거리며 입에 딱 붙는 듯한 느낌이에요. 특히 이중 뚜껑 도기 솥에 밥을 지으면 윤기가 남다르더라고요.

**골드퀸 3호** 향기가 나는 대표적인 쌀. 옥수수를 튀길 때 날 법한 고소하고 달콤한 향이 납니다. 쌀알은 타 품종보다 조금 작아 오래 불리지 않아도 돼요. 적당한 찰기가 입안에서 더 부드럽게 느껴집니다.

**삼광미** 부드러움, 단단함, 찰기의 조화가 가장 무난한 인기 품종이에요. 쌀 자체의 단맛이 강하다고 알려져 있어요.

**알찬미** '알알이 영양이 찬 건강한 쌀'이란 의미로 경기도 이천에서 많이 재배됩니다. 탄력이 느껴지는 뛰어난 찰기와 함께 단단한 느낌이 듭니다.

**백옥향** 충남에서만 재배 가능한 쌀이기 때문에 희소성이 높고 고급 품종으로 알려져 있어요. 고소한 누룽지 향이 특히 진하고 쌀알이 크며 찰기가 우수합니다. 평소보다 밥물을 10% 정도 덜 잡는 게 좋아요.

**영호진미** 씹을수록 고소하고 질감이 부드러워져 솥밥을 지으면 윤기가 많이 흐릅니다. 밥알이 쉽게 부서지지 않고 은은한 단맛을 내며, 식어도 맛있기 때문에 주먹밥 혹은 도시락용으로 추천합니다.

**오대쌀** 일교차가 큰 강원도 청정 지역에서 많이 재배되는 쌀이에요. 쌀알이 단단해서 떡지지 않아 죽이나 리소토에 잘 어울립니다. 흑미, 현미 등을 섞어 잡곡밥을 지어도 좋습니다.

**신동진** 쌀알이 굵고 수분 함량이 낮아 찰지지 않고 꼬들꼬들한 식감을 자랑해요. 그래서 김밥, 볶음밥용으로 많이 사용합니다. 추천하는 쌀 품종 중 가장 단단하고 고슬고슬거리는 밥맛을 냅니다.

## 기본 채수 만들기

대파, 양파, 무로 끓인 기본 국물, 버섯 우린 물, 찻물, 이렇게 세 가지를 솥밥 채수로 사용합니다. 솥밥에 올리는 재료에 맞게 취향껏 그때그때 어울리는 채수를 선택하세요.

### 채수

솥밥의 감칠맛은 채수에서 비롯되기 때문에 채수로 밥을 지으면 맹물을 사용했을 때보다 훨씬 깊은 맛이 날 거예요. 채수를 따로 끓이기 힘들 때는 국물용 다시마를 냉침하거나 쌀 위에 바로 올려 밥을 짓기도 해요. 간편하게 시판 채수를 활용해도 괜찮고요. 대신 원물으로만 만든 무첨가 제품으로 고르세요. 갖은 채소로 끓인 채수는 상온에 두면 금방 상할 수 있으니 넉넉하게 끓인 후 냉장고에 넣으세요. 보통 3~4일 정도까지 냉장 보관할 수 있어요.

**재료** 물 2L, 대파 2대(하얀 부분), 양파 1개(반으로 자르기), 무 2덩이(5㎝ 두께), 국물용 건다시마 1개(손바닥만 한 크기)

**① 물에 모든 재료를 넣고 중약불로 끓입니다.**
**② 무가 투명해지면 다 익을 때까지 끓인 후 식힙니다.**
**③ 내용물을 면보나 채반으로 걸러 채수만 사용합니다.**

* 다시마는 오래 끓이면 쓴맛이 나니 유의합니다.
* 무 대신 무말랭이를 불려 활용해도 좋아요. 이때 불린 물을 버리지 말고 함께 끓이세요.
* 취향에 따라 건표고버섯을 함께 넣으면 좀 더 다채로운 맛의 채수를 만들 수 있어요.

### 버섯 우린 물

건표고버섯을 미지근한 물에 우려 버섯물을 만들어요. 껍질이 바닥을 향하게 담고, 잘 잠기도록 무거운 그릇으로 눌러줍니다. 30분 정도면 충분히 국물이 우러나더라고요. 남은 건표고버섯은 눅눅해지지 않게 꼭 냉동실에 보관하세요.

### 찻물

녹차, 보리차, 둥굴레차 ,메밀차 등 은은하게 내린 찻물로 밥을 지어보세요. 똑같은 레시피라도 찻물을 활용하면 더 향긋해집니다. 녹차가루 ½큰술을 풀고 소금으로 약간 간을 해도 좋고요. 연한 녹색으로 물든 녹차밥은 씹을수록 구수한 향을 자랑할 거예요.

**추천하는 시판 제품 '담은수 채수'**
국내산 원물인 양파, 대파, 무, 당근, 표고버섯, 애호박 등을 로스팅해 건조한 채수 팩. 방부제와 첨가물을 넣지 않았어요. 찬물에 냉침해도 금방 진하게 우러나서 제가 매일 사용하는 제품입니다.

채수
찻물
버섯 우린 물

## 채식 쯔유 만들기

달큰하고 짭짤한 맛의 일본 맛간장 쯔유는 솥밥, 우동, 전골 등 다양한 요리에 매력적인 감칠맛을 더합니다. 간장에 채수, 미림, 설탕을 넣고 끓여 집에서 쉽고 간단하게 만들 수 있어요. 완성된 쯔유는 열탕 소독한 유리병에 담아 냉장 보관해주세요. 기호에 맞게 꼭 물에 희석해서 사용합니다. 솥밥 간을 할 때에도 희석해서 사용해 주세요.

**재료 : 물 600㎖, 대파 1개, 양파 ½개, 다시마 5장, 미림 100㎖, 설탕 6큰술, 진간장 400㎖**

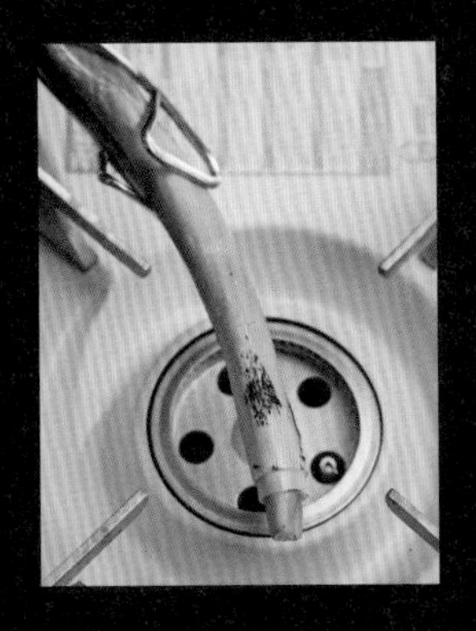

1. 대파와 양파를 직화로 살짝 그슬려 준비합니다.
2. 냄비에 물, 대파, 양파, 다시마를 넣고 중간 불에서 끓이다가 거품이 일기 시작하면 약한 불에서 10분 더 뭉근히 끓입니다.
3. 국물이 절반으로 줄어들 때까지 끓인 후 건더기를 채반으로 건져냅니다.
4. (3)에 미림, 설탕, 진간장을 붓고 약한 불에서 끓이며 설탕을 녹여주세요.
5. 보글보글 끓기 시작하면 불을 끄고 식힌 후 열탕 소독한 유리병에 담아 냅니다.

## 채소 솥밥에 맛을 더해줄 양념

**청정원 마늘가루 / 생강가루** 그때그때 간편하게 사용할 수 있는 마늘가루와 생강가루. 동결 건조 공법으로 만들어 알싸한 마늘의 맛과 향긋한 생강 향이 살아 있어요.

**샘표 요리에센스 연두** 100% 자연 발효한 콩 발효액으로 만든 식물성 천연 요리 에센스. 담백하고 순한 맛이라 채수에 한 스푼 넣으면 감칠맛을 끌어올리기 좋아요.

**레코스테 올리브 오일** 이탈리아 대표 내추럴 와인 생산자 중 하나인 레코스테의 제품으로 포도와 함께 자란 올리브나무에서 수확해 만들었어요. 활기찬 산뜻함과 쌉싸름함이 특징입니다.

**베지너소스 비건굴소스** 국내산 미역, 다시마, 톳, 함초와 효모 추출물로 굴 없이 만들었지만 굴 소스의 감칠맛이 그대로 느껴져요.

**바이오라이프 비건 치즈 파마산 블록** 코코넛 오일로 만든 식물성 치즈. 칼로리가 높지 않고 우유, 너트, 동물성 등 알레르기를 유발하는 성분을 배제했어요.

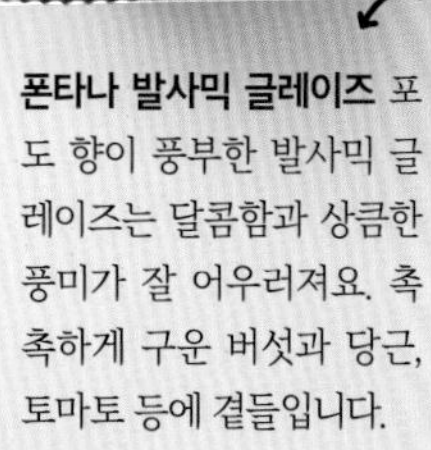

**폰타나 발사믹 글레이즈** 포도 향이 풍부한 발사믹 글레이즈는 달콤함과 상큼한 풍미가 잘 어우러져요. 촉촉하게 구운 버섯과 당근, 토마토 등에 곁들입니다.

**잇츠베러 비건 마요네즈** 달걀 대신 국내산 약콩과 백태로 만든 100% 식물성 마요네즈. 느끼하지 않고 새콤 고소한 맛이라 다양한 채소와 궁합이 좋아요.

**담은수 채수 티백** 표고버섯, 당근, 무, 양파, 대파 등 국내산 원물을 로스팅해 만든 티백으로 따로 재료를 사서 번거롭게 국물을 끓이지 않아도 되니 정말 간편합니다. 차가운 물에 냉침해도 진하게 우러나요.

**폰테베키오 화이트 발사믹** 청량한 포도 향과 자연스럽게 달콤하고 산뜻한 신맛이 나는 게 특징입니다.

**스피리투산토 올리브 오일** 나뭇잎의 푸릇함과 아몬드, 허브 향의 여운이 느껴지는 스페인산 유기농 엑스트라 버진 올리브 오일.

**시클라 바질 페스토** 바질의 싱그러움이 돋보이는 비건 페스토. 두부, 감자, 캐슈넛, 잣이 들어 있어요.

**행복한 정은씨의 고소한 들깨가루** 지리산에서 수확한 햇들깨를 볶아 곱게 갈아냈어요. 입자가 거칠지 않고 부드러워서 어떤 요리에든 자연스레 스며들어 고소한 맛이 배가 됩니다.

**라치나타 스모크 파프리카 파우더** 오크나무로 훈연 향을 입힌 파프리카 파우더입니다. 조금만 톡톡 털어 넣어 매콤한 풍미를 더해보세요. 같은 레시피라도 색다른 분위기를 냅니다.

## 곁들일 양념

- **쪽파 양념장** 총총 썬 쪽파 2큰술, 진간장 2큰술, 고춧가루 1큰술, 매실액 ½큰술, 참기름 1큰술, 참깨 1큰술
- **달래 양념장** 총총 썬 달래 2큰술, 진간장 3큰술, 고춧가루 1큰술, 매실액 1큰술, 채수 2큰술, 참기름 1큰술, 참깨 1큰술
- **들기름 양념장** 들기름 2큰술, 진간장 1큰술, 참깨 1큰술
- **고추장 양념장** 고추장 2큰술, 설탕 ½큰술, 채수 2큰술, 간장 ½작은술, 참기름 1큰술

  **tip** 달군 팬에 고추장 양념을 20초 정도 볶으면 훨씬 깊은 맛이 납니다.
- **유자청 양념장** 유자청 2큰술, 진간장 1큰술, 식초 1큰술, 채수 1큰술
- **볶음참깨 양념장** 참깨 간 것 2큰술, 비건 마요네즈 1큰술, 매실액 ½큰술, 진간장 ½큰술, 식초 1작은술

- **들깨가루 양념장** 들깨가루 1큰술, 들기름 2큰술, 진간장 ½큰술, 매실청 1작은술, 맛술 1작은술
- **미소 된장 양념장** 미소 된장 1큰술, 통들깨 ½큰술, 채수 2큰술, 참기름 1큰술
- **쌈장 마요 양념장** 쌈장 1큰술, 비건 마요네즈 1큰술, 통들깨 ½큰술, 통후추 약간
- **발사믹 글레이즈 양념장** 발사믹 글레이즈 1큰술, 올리브 오일 1큰술, 메이플 시럽 1작은술, 소금 약간, 통후추 약간
- **홀그레인 머스터드 양념장** 홀그레인 머스터드 ½큰술, 올리브 오일 1큰술, 레몬즙 1큰술, 매실액 1작은술, 소금 약간

## 채소 말랭이

요즘은 품질이 좋은 채소만을 엄선하고, 저온에서 천천히 정성을 더해 건조시킨 말랭이 제품이 많아요. 채소를 햇볕에 말리면 비타민 D 함량이 높아진다고 하잖아요. 수분이 날아가며 당도와 고유의 풍미가 응축되고, 저장성까지 높일 수 있답니다. 첨가물이 따로 들어가 있는지 꼭 체크하고 무첨가 제품을 골라주세요. 말랭이 제품은 햇볕이 들지 않는 서늘한 곳에 보관하거나 냉장 보관합니다.

채소 말랭이로 솥밥을 지을 땐, 말랭이를 불린 물로 밥물을 잡아주세요. 주방에 말랭이 몇 봉지만 있으면 장 보기 귀찮은 날이나 급하게 요리해야 할 때 요긴하게 활용할 거예요. 저는 말랭이로 솥밥, 된장찌개, 채소 국수, 우엉조림 등을 만들어봤어요.(추천 : 네이버 스마트스토어 '말랭이여사' 제품)

### ❶ 무말랭이

당분이 많고 조직이 단단한 겨울 무로 만든 무말랭이는 어떤 요리에도 풍부한 맛을 냅니다. 보통 무에 비해 시원한 단맛이 농축되어 있고 식이 섬유, 칼륨이 10배 이상 많아요. 솥밥을 지으면 쫄깃한 무말랭이의 식감에 깜짝 놀랄 거예요. 꼬들한 느낌을 원한다면 바로 씻어서 넣고, 5분 정도 불려 밥을 지으면 부드럽게 익습니다.

### ❷ 우엉 말랭이

뿌리채소 중에 고소한 맛과 오독오독한 식감이 매력적인 우엉. 개인적으로 솥밥엔 우엉 말랭이가 가장 잘 어울리는 것 같아요. 얇게 채 썰어 만든 우엉 말랭이는 따로 불릴 필요 없이 그대로 밥물에 끓여주면 됩니다.

### ❸ 버섯 말랭이

버섯은 건조할수록 풍미가 깊어지고 쫄깃해집니다. 물에 잠깐만 불리면 탱글거리는 본연의 모습을 되찾더라고요. 들기름에 달달 볶아 간장에 조리고 쌀 위에 듬뿍 올려 간단하게 버섯솥밥을 만들어보세요. 버섯 우린 물은 버리지 말고 솥밥 밥물, 찌개 국물로 사용합니다.

### ❹ 가지 말랭이

생가지의 물컹한 식감을 꺼리는 분들에겐 가지 말랭이를 추천해요. 불린 후 물기를 꼭 짜서 요리하면 양념을 더 잘 머금을 거예요. 크기가 크지 않은 어린 가지를 말려야 합니다. 너무 여문 가지는 씨앗이 커서 질길 수 있거든요.

### ❺ 파 말랭이

대파, 쪽파를 총총 썰어 저온에서 천천히 건조한 파 말랭이. 물에 불리지 않고 그대로 요리의 마무리에 흩뿌려 특유의 향긋함을 더해보세요. 솥밥은 물론 계란찜, 볶음밥, 곰탕 등에 곁들여도 좋아요.

무말랭이
말랭이 여사
❶
❸
Dried up Burdock
❷
❺
❹
가지말랭이
말랭이 여사

## 고기 대신 식감을 낼 수 있는 솥밥 토핑

**깍둑썰기 한 뿌리채소** 연근, 마, 우엉 같은 뿌리채소를 작게 깍둑썰기 합니다. 솥에 들기름을 두르고 뿌리채소를 넣어 볶다가 쌀과 채수를 붓고 밥을 지어보세요. 아삭한 식감과 함께 고소한 맛이 입안 가득 퍼집니다.

**매실절임** 피클처럼 아삭한 식감을 내는 매실절임은 특유의 산뜻함과 새콤달콤한 풍미가 무척 매력적이죠? 씨앗을 제거하고 작게 잘라 토핑으로 활용합니다.

**채 썬 다시마** 바다의 영양 덩어리라 불리는 다시마는 오독한 식감 때문에 밥과 함께 쌈을 싸 먹기도 해요. 얇게 채 썰어놓으면 씹기도 편하고 식감이 재밌어요.

**병아리콩** 씹을수록 진해지는 고소함과 은은한 단맛이 특징인 병아리콩. 꽤 딱딱해서 꼭 한번 삶은 후 요리해야 합니다. 삶은 병아리콩을 넣고 솥밥을 만들면 적당히 단단하면서 부드럽게 뭉그러지는 질감에 반할 거예요.

**다진 호두나 아몬드** 호두와 아몬드 같은 고소한 견과류를 굵게 다지세요. 잣을 다져 올리면 풍미가 훨씬 고급스러워지는데, 요즘 너무 비싸더라고요.

**볶은 표고버섯** 표고버섯을 깍둑 썰어 간장과 매실액으로 취향껏 간을 해 볶아요. 한번 볶은 버섯은 더 쫄깃해집니다. 마지막에 참기름을 한 스푼 뿌려주는 것도 잊지 마세요.

**선드라이 토마토** 말린 토마토를 허브, 마늘 등과 함께 오일에 절인 식재료입니다. 한입 크기로 잘라 쌀 위에 얹어 밥을 지어보세요. 쫀득한 식감과 함께 토마토의 감칠맛이 솥밥에 스며든답니다.

**조린 우엉** 연필심 깎듯 썰어놓은 우엉에 간장, 설탕, 맛술, 물을 더해 조립니다. 남아 있는 수분을 날리고 조청을 넣어 쫀득하게 충분히 볶아요. 반찬으로 만들어 먹기도 하지만 쌀 위에 올려 밥을 지어도 맛있어요.

## 마지막에 올리는 채소 토핑

**쪽파** 솥밥에 가장 많이 올리는 토핑이에요. 대파보다는 가늘고, 알싸한 향이 적당히 향긋해서 어떤 재료와도 궁합이 좋아요.

**세발나물** 여린 풋내와 은은한 짭조름함이 느껴지는 세발나물. 들기름과 통깨로 고소하게 무쳐 솥밥 위에 올려보세요. 사근사근한 식감이 먹는 재미를 더해줍니다.

**파슬리** 싱싱한 허브로 솥밥의 풍미를 끌어올리는 건 어때요? 곱슬거리는 생파슬리 혹은 잎이 넓은 이탤리언 파슬리 모두 괜찮아요.

**달래** 입맛을 돋우는 향긋함이 특징인 달래는 알뿌리까지 총총 썰어 함께 활용합니다. 톡 쏘는 매콤함과 쌉싸름한 풍미가 참 근사할 거예요.

**영양부추** 아삭아삭 씹는 맛이 살아 있는 영양부추는 아주 잘게 총총 썰면 향이 훨씬 진해지더라고요. 갓 지은 솥밥의 밥알이 골고루 코팅되게끔 듬뿍 넣으면 그 자체로 별미예요.

**유채꽃** 봄에만 특별히 만날 수 있는 노란 유채꽃은 식용꽃 중 제일 아름다운 것 같아요. 초록색 줄기 부분이 질길 수 있으니 여린 노란 꽃망울만 추려 사용합니다.

**참나물** 가볍게 쌉싸름한 맛으로 잎이 연해 생으로 즐기는 걸 추천합니다. 산채 나물 중 맛과 향이 뛰어나기로 유명한 참나물을 5㎝ 길이로 썰어 밥 위에 소복이 올려주세요.

## 기본 흰쌀 솥밥 만들기

처음 솥밥을 지을 때 가장 흔히 하는 실수가 완성된 솥밥의 밥알이 충분히 익지 않아 서걱거리는 거예요. 집집마다 불 세기와 냄비의 종류가 다르기 때문에 첫 솥밥은 언제나 까다롭습니다. 하지만 1~2번 정도만 만들어보면 금세 조건에 맞는 불 조절을 익혀서 고슬고슬 맛있는 솥밥을 만들 수 있어요.

가장 중요한 세 가지

1. 쌀과 물은 1:1 비율입니다(건쌀 기준).
2. 물이 거의 졸아들고 주걱으로 긁었을 때 바닥이 보이며 길이 생길 때까지 바글바글 끓입니다. 이 과정을 지켜야 밥이 설익지 않아요.
3. 완성된 솥밥을 섞을 때는 주걱으로 밥을 십자로 가르듯 하고, 쌀알에 공기가 닿게 하는 느낌으로 슬슬 섞어요.

쌀 양이 많아지면 당연히 끓이는 시간도 함께 늘려야 한다는 걸 기억하세요. 솥밥 양을 레시피보다 늘릴 때는 원하는 쌀 양으로 기본 흰쌀 솥밥을 먼저 만들어봐야 합니다. 그래야 재료를 얹는 솥밥을 지을 때도 실패하지 않을 거예요.

재료(2~3인분 기준) : 쌀 300㎖, 물 300㎖(건쌀 100㎖당 1인분)

① 쌀을 흐르는 물에 여러 번 씻은 후 체에 밭쳐 물기를 뺀 상태로 20분간 불립니다.

tip. 쌀을 씻을 때는 상처가 나지 않게 부드럽게 씻고 물을 빨리 갈아주세요. 첫 물은 생수나 정수기 물이면 더 좋아요.

② 냄비에 쌀과 물을 분량대로 넣고, 뚜껑을 연 상태에서 중강불로 5분간 끓입니다.

tip. 위의 분량과 다르게 요리할 경우, 쌀과 물을 동량(건쌀 기준)으로 넣어주세요.

③ 물이 바글바글 끓기 시작하면 쌀알이 부스러지지 않게 주의하며 주걱으로 3~4번 부드럽게 저어줍니다.

④ 솥의 바닥을 주걱으로 긁었을 때 바닥이 보이면서 길이 생기고 치이익 소리가 날 때 윗면을 평평하게 정리합니다.

⑤ 뚜껑을 닫고 제일 약한 불로 10분간 끓입니다.

⑥ 불을 끄고 15분간 뜸 들입니다.

⑦ 뚜껑을 열고 밥을 골고루 섞어서 냅니다.

tip. 주걱을 세워 밥을 십자로 가르듯 하고, 쌀알을 공기에 닿게 하는 느낌으로 위아래로 슬슬 섞으세요. 나중에 섞으면 밥이 굳어 맛이 없어지니 유의합니다.

※ 깊은 감칠맛을 내려면 채수를 활용하고, 고소한 맛을 추가하고 싶을 땐 비건 버터를 한 조각 넣어주세요. 건다시마를 1장 정도 쌀 위에 올려 밥을 지으면 다시마에서 나온 진액으로 감칠맛이 배가됩니다. 다시마는 ⑷번 과정 이후에 올리는 걸 추천합니다.

냄비밥 맛있게 짓는 법 보러가기

## 남은 솥밥 활용법

솥밥은 보통 2인분 이상 지어야 쌀과 채수, 채소가 잘 어우러집니다. 불 조절도 훨씬 쉽게 할 수 있고요. 남은 솥밥은 밀폐 용기에 담아 냉장고에 넣어놓고 다음 날 다른 형태의 요리로 재탄생시켜보세요.

**숭늉** 밥을 퍼내고 남은 누룽지를 약한 불에 15분 정도 익히면 누룽지 왕관을 만들 수 있습니다. 좀 더 촉촉하게 즐기고 싶다면 물이나 채수를 붓고 그대로 끓여주세요. 솥밥의 감칠맛이 녹아든 따끈한 숭늉을 만들 수 있답니다. 눌어붙어 있던 밥알이 떨어지며 설거지가 쉬워지는 건 덤이에요.

**볶음밥** 달군 팬에 들기름을 두르고 차게 식은 솥밥을 중간 불에서 빠르게 볶아요. 밥알에 들기름이 착 감기는 느낌으로 지글지글 알알이 익혀줍니다. 매콤한 김치를 총총 썰어 추가하면 맛있는 김치볶음밥이 되죠. 모자란 간은 소금이나 간장으로 맞춥니다. 바삭하게 튀기듯 구운 달걀 프라이를 얹으면 꽤 그럴듯한 한 그릇 요리를 만들 수 있어요.

**냉동밥** 남은 솥밥을 냉동밥 전용 용기에 소분해 냉동실에 보관하고 밥 짓기 귀찮은 날에 데워 먹어요. 전자레인지에 5분만 돌리면 됩니다.

**구운 주먹밥** 손에 물을 충분히 묻히고 밥을 쥐어 둥글게 뭉칩니다. 다시 삼각형으로 만들어 양면을 평평하게 살짝 눌러요. 프라이팬에 버터 한 조각을 녹이고 약한 불에서 노릇하게 구워보세요.

**꼬마김밥** 식은 솥밥에 참기름 1큰술과 소금 약간으로 간하고 주걱으로 골고루 섞어요. 그런 다음 대나무 김발과 바삭한 김을 준비하고 그 위에 고슬고슬한 솥밥을 얇게 펴줍니다. 길게 썬 오이나 단무지를 올려 가볍게 말아주세요. 한입 크기로 잘라 접시에 담고 볶은 참깨를 솔솔 뿌려주면 됩니다. 어른 아이 할 것 없이 하나씩 집어 먹기 좋아요.

**오차즈케** 넓은 밥그릇에 솥밥을 봉긋하게 담습니다. 차가운 얼음을 띄운 녹차물이나 뜨겁게 끓인 채수를 밥 위에 그대로 부어주세요. 새콤달콤 매실절임을 올리고 알싸한 와사비까지 곁들이면 입맛을 돋우는 별미가 될 거예요.

# intro Ⅱ 잡곡 솥밥

현미솥밥
흑미솥밥
수수솥밥
키노아솥밥
보리솥밥
차조솥밥
녹두솥밥
귀리솥밥
서리태솥밥
율무솥밥

## 잡곡 솥밥

잡곡은 쌀 외의 모든 곡식을 말하며 콩, 팥, 수수, 귀리, 보리 등 매우 다양합니다. 잡곡밥은 흰쌀밥에 비해 영양 성분이 많아 건강에 도움을 주지만 소화 기능이 약한 사람에겐 소화 장애를 불러올 수 있어요. 그래서 한두 가지 잡곡만 섞는 걸 추천합니다. 자칫 까슬거릴 수 있는 식감은 찰기가 있는 찰현미, 찰흑미를 섞어 부드럽게 만들어줘도 좋아요. 잡곡으로 짓는 솥밥은 대부분 끓이는 과정에서 거품이 많이 나기 때문에 넘치지 않는지 지켜봐주세요.

### 잡곡 솥밥에서 가장 중요한 포인트

**1. 물 양** 백미로만 솥밥을 지을 때보다 10~15% 더 잡아줍니다.

**2. 잡곡 비율** 처음 잡곡 솥밥을 짓는다면 백미:잡곡을 8:2 비율로 맞추고, 적응 기간을 가진 후 잡곡 비율을 차근차근 늘리세요. 익숙해지면 입맛에 맞는 나만의 비율을 금방 찾게 될 거예요.

**3. 잡곡 불리는 시간** 백미를 불리는 시간이 30분이라면 잡곡을 불리는 시간은 1시간에서 길면 반나절이 되기도 해요. 잡곡마다 불리는 시간이 다릅니다.

**4. 잡곡 끓이는 시간** 잡곡은 기본적으로 단단하기 때문에 쌀밥보다 오래 익혀주세요.

**잡곡 불리는 시간을 단축시키는 팁!**

껍질이 단단한 잡곡을 빠르고 간단하게 불리고 싶을 때 '끓인 물'을 활용합니다. 예를 들면 현미를 깨끗하게 씻어 유리 볼에 담고 전기 포트로 팔팔 끓인 물을 부어 20분 동안 불립니다. 그리고 물기를 털어 현미밥을 지어보세요. 전날 밤부터 번거롭게 준비하지 않아도 되니 간편하게 잡곡밥을 지을 수 있습니다.

팥, 율무, 병아리콩, 서리태같이 특히 단단한 잡곡으로 부드러운 솥밥을 짓고 싶다면 물에 반나절 불린 후, 원하는 익힘 정도를 가늠해 10~20분간 끓입니다. 알갱이가 아주 작은 차조, 귀리, 키노아는 깨끗이 씻은 후 체에 밭쳐 물기를 뺀 상태에서 쌀과 함께 20분간 불려요.

tip. 촘촘한 채반을 사용하지 않으면 알갱이 작은 잡곡이 빠져나갈 수 있으니 참고하세요.

Dr.HOWS

# 현미솥밥

압력솥이 아닌 일반 무쇠 냄비를 사용하는 솥밥엔 '찰현미'를 추천해요. 찹쌀의 겉껍질만 도정한 찰현미는 일반 현미에 비해 쫀득하고 부드러운 식감을 자랑하기 때문에 많이 까슬거리지 않아요. 현미와 백미의 중간 정도 도정한 '7분 도미'도 괜찮습니다.

재료

- 백미 150㎖
- 발아찰현미 150㎖
- 채수 350㎖

소요 시간

- 40분

① 찰현미를 흐르는 물에 깨끗이 씻어 준비합니다.

② 팔팔 끓인 물에 (1)을 담가 20분간 불립니다.

③ 불린 현미를 체에 밭쳐 물기를 탈탈 털어요.

④ 백미는 흐르는 물에 여러 번 씻은 후 체에 밭쳐 물기를 뺀 다음 20분간 불립니다.

⑤ 솥에 불린 백미와 현미를 넣고 채수를 부어요.
tip. 밥물을 잡을 때, 채수 대신 물을 사용해도 괜찮아요.

⑥ 뚜껑을 연 상태에서 중강불로 7분간 끓여요.
tip. 찰현미를 끓일 땐 거품이 많이 날 수 있으니 넘치지 않게 유의합니다.

⑦ 바글바글 끓어오르면 주걱으로 2~3번 젓고, 솥밥 길이 생겼을 때 윗면을 정리한 후 약한 불로 줄입니다.

⑧ 뚜껑을 닫고 약한 불에서 15분 더 끓여요.

⑨ 불을 끄고 10분간 뜸 들입니다.

⑩ 뚜껑을 열고 주걱을 세워 밥을 십자로 가르고, 김을 빼며 위아래로 골고루 섞어서 냅니다.

쌀을 감싸고 있는 왕겨만 벗겨낸 것을 현미. 현미를 한번 더 깎아낸 것을 백미라고 합니다. 현미엔 쌀눈과 쌀겨가 그대로 붙어 있어 영양 성분이 훨씬 많아요. 꼭꼭 씹을수록 구수한 달큰함이 배어나옵니다.

# 흑미솥밥

찰지고 부드러운 찰흑미는 백미와 섞어 잡곡밥을 짓습니다. 찰흑미와 백미의 비율은 3:7 정도가 적당합니다. 수용성 색소인 안토시아닌이 녹아나와 흑미의 비율이 높을수록 밥의 색이 더 진해져요.

재료

· 백미 210ml

· 찰흑미 90ml

· 채수 330ml

소요 시간

· 40분

① 백미와 찰흑미를 흐르는 물에 여러 번 씻어요.
tip. 이때 맑은 물이 나올 때까지 헹궈주세요.

② (1)을 체에 밭쳐 물기를 뺀 후 20분간 불립니다.

③ 솥에 백미와 찰흑미를 넣고 채수를 붓고 중강불에서 5분간 끓여요.
tip. 밥물을 잡을 때, 채수 대신 물을 사용해도 괜찮아요.

④ 바글바글 끓어오르면 주걱으로 2~3번 젓고, 솥밥 길이 생겼을 때 윗면을 정리한 후 약한 불로 줄입니다.

⑤ 뚜껑을 닫고 약한 불에서 15분 더 끓여요.

⑥ 불을 끄고 10분간 뜸 들입니다.

⑦ 뚜껑을 열고 주걱을 세워 밥을 십자로 가르고, 김을 빼며 위아래로 골고루 섞어서 냅니다.

찰흑미는 항암, 항산화 효과가 있다고 알려진 안토시아닌 때문에 보라색을 띱니다. 비타민 B군과 아미노산이 일반 쌀의 5배 이상 함유되어 있어요. 성인병과 심혈관 질병 예방에 효과가 있고 체내 활성산소를 중화합니다.

# 수수솥밥

강원도 향토 음식인 수수부꾸미의 주재료인 수수는 주로 차를 끓여 마시거나 밥을 지어 먹습니다. 수수를 가장 손쉽게 먹을 수 있는 방법은 김이 모락모락 나는 솥밥을 짓는 것이에요.

재료

· 백미 270㎖

· 찰수수 30㎖

· 채수 320㎖

소요 시간

· 50분

① 찰수수를 흐르는 물에 깨끗이 씻어 준비합니다.

② 팔팔 끓인 물에 (1)을 담가 20분간 불립니다.

③ 불린 찰수수를 흐르는 물에 여러 번 씻고 체에 밭쳐 물기를 탈탈 털어요.
tip. 이때 수수의 떫은 맛을 살짝 제거할 수 있어요.

④ 백미는 흐르는 물에 여러 번 씻은 후 체에 밭쳐 물기를 뺀 다음 20분간 불립니다.

⑤ 솥에 불린 백미와 찰수수를 넣고 채수를 부어요.
tip. 밥물을 잡을 때, 채수 대신 물을 사용해도 괜찮아요.

⑥ 뚜껑을 연 상태에서 중강불로 6분간 끓여요.

⑦ 바글바글 끓어오르면 주걱으로 2~3번 젓고, 솥밥 길이 생겼을 때 윗면을 정리한 후 약한 불로 줄입니다.

⑧ 뚜껑을 닫고 약한 불에서 10분 더 끓여요.

⑨ 불을 끄고 15분간 뜸 들입니다.

⑩ 뚜껑을 열고 주걱을 세워 밥을 십자로 가르고, 김을 빼며 위아래로 골고루 섞어서 냅니다.

《동의보감》에서는 수수가 따뜻한 성질을 지니고 있어 소화를 돕고 냉한 체질을 보호해준다고 해요. 기침, 천식 완화에도 도움이 됩니다.

# 키노아솥밥

식이 섬유가 많아 포만감이 크고 소화가 잘돼 다이어트 식단에 유용한 키노아. 쌀에 부족한 영양분을 보충할 수 있기에 함께 밥을 지어 먹는 걸 추천해요. 견과류처럼 고소한 맛으로 삶아서 샐러드 토핑으로 얹어도 좋더라고요.

재료

· 백미 200㎖
· 키노아 100㎖
· 채수 320㎖
· 소금 약간

소요 시간

· 50분

① 백미와 키노아를 각각 흐르는 물에 여러 번 씻은 후 체에 밭쳐 물기를 뺀 다음 20분간 불립니다.
tip. 키노아는 입자가 아주 작기 때문에 촘촘한 채망으로 씻어야 합니다.

② 솥에 불린 백미와 키노아를 넣고 채수를 부은 후 소금 약간으로 간해요.
tip. 밥물을 잡을 때, 채수 대신 물을 사용해도 괜찮아요.

③ 뚜껑을 연 상태에서 중강불로 5분간 끓여요.

④ 바글바글 끓어오르면 주걱으로 2~3번 젓고, 솥밥 길이 생겼을 때 윗면을 정리한 후 약한 불로 줄입니다.

⑤ 뚜껑을 닫고 약한 불에서 10분 더 끓여요.

⑥ 불을 끄고 15분간 뜸 들입니다.

⑦ 뚜껑을 열고 주걱을 세워 밥을 십자로 가르고, 김을 빼며 위아래로 골고루 섞어서 냅니다.

'곡식의 어머니'라는 뜻을 지니고 있는 키노아는 쌀보다 작은 좁쌀 크기예요. 나트륨 함량이 적고 고단백 식품이며 글루텐 성분이 없어 알레르기 반응을 유발하지 않죠. 그뿐 아니라 콜레스테롤 수치를 낮추는 데도 효과적이라고 해요.

# 보리솥밥

쌀보다 식이 섬유를 3배나 더 많이 함유하고 있는 보리는 한겨울을 이기고 자라는 곡물입니다. 보리로만 밥을 하거나 보리를 반 이상 넣어 밥을 짓는 것을 꽁보리밥이라고 하죠. 갓 지은 보리밥에 열무를 얹고 고추장, 참기름을 넣어서 비벼 먹어도 별미예요. 식감이 부드럽지 않기에 충분히 불려야 합니다.

재료

· 백미 200㎖

· 찰보리 100㎖

· 채수 300㎖

· 소금 약간

소요 시간

· 50분

① 찰보리를 박박 문질러가며 깨끗이 씻어 준비합니다.

② 팔팔 끓인 물에 (1)을 담가 20분간 불리고 체에 밭쳐 물기를 탈탈 털어요.

③ 백미는 흐르는 물에 여러 번 씻은 후 체에 밭쳐 물기를 뺀 다음 20분간 불립니다.

④ 솥에 불린 백미와 보리를 넣고 채수를 부은 후 소금 약간으로 간해요.

tip. 밥물을 잡을 때, 채수 대신 물을 사용해도 괜찮아요.

⑤ 뚜껑을 연 상태에서 중강불로 5분간 끓여요.

⑥ 바글바글 끓어오르면 주걱으로 2~3번 젓고, 솥밥 길이 생겼을 때 윗면을 정리한 후 약한 불로 줄입니다.

⑦ 뚜껑을 닫고 약한 불에서 10분 더 끓여요.

⑧ 불을 끄고 15분간 뜸 들입니다.

⑨ 뚜껑을 열고 주걱을 세워 밥을 십자로 가르고, 김을 빼며 위아래로 골고루 섞어서 냅니다.

보리에 들어 있는 비타민 $B_6$는 체질 개선, 당뇨병 예방, 항산화 작용으로 체내에 활성산소를 제거하는 효과가 있어요. 보리의 비율을 차근차근 늘려보는 걸 추천합니다.

# 차조솥밥

차조는 찰기가 있는 조를 말합니다. 푸른 기가 도는 노란빛을 띠는 차조는 쌀의 영양을 보충해주는 잡곡이에요. 쌀과 섞어 밥을 짓거나 죽을 끓이면 은은한 쌉싸름함과 함께 찰기를 더해주더라고요. 거친 잡곡과 부드럽게 어우러지는 것도 장점입니다.

재료

- 백미 270㎖
- 차조 30㎖
- 채수 300㎖
- 소금 약간

소요 시간

- 50분

① 백미와 차조를 각각 흐르는 물에 여러 번 씻은 후 체에 밭쳐 물기를 뺀 다음 20분간 불립니다.

② 솥에 불린 백미와 차조를 넣고 채수를 부은 후 소금 약간으로 간해요.
tip. 밥물을 잡을 때, 채수 대신 물을 사용해도 괜찮아요.

③ 뚜껑을 연 상태에서 중강불로 5분간 끓여요.

④ 바글바글 끓어오르면 주걱으로 2~3번 젓고, 솥밥 길이 생겼을 때 윗면을 정리한 후 약한 불로 줄입니다.

⑤ 뚜껑을 닫고 약한 불에서 10분 더 끓여요.

⑥ 불을 끄고 15분간 뜸 들입니다.

⑦ 뚜껑을 열고 주걱을 세워 밥을 십자로 가르고, 김을 빼며 위아래로 골고루 섞어서 냅니다.

차조에는 티아민과 무기질이 풍부하게 함유되어 있어요. 제철은 9~10월입니다. 성질이 차가운 탓에 소화가 잘 안 될 수 있으니 너무 많은 양의 차조로 요리하진 마세요. 익으면 완두콩 향이 살짝 납니다.

# 녹두솥밥

껍질을 깔끔히 벗겨내 손질할 필요 없는 '깐 녹두'를 활용하면 간편합니다. 되도록 유기농 녹두를 골라주세요. 녹두 본연의 고소하고 담백한 맛이 고슬고슬한 쌀밥과 잘 어우러진답니다. 생각보다 진한 달큼함에 깜짝 놀랄지도 몰라요.

재료

· 백미 250mℓ
· 깐 녹두 50mℓ
· 채수 330mℓ
· 맛술 1큰술
· 소금 약간

소요 시간

· 50분

① 녹두는 깨끗이 씻어 준비합니다.

② 팔팔 끓인 물에 (1)을 담가 20분간 불리고 체에 밭쳐 물기를 탈탈 털어요.

③ 백미는 흐르는 물에 여러 번 씻은 후 체에 밭쳐 물기를 뺀 다음 20분간 불립니다.

④ 솥에 불린 백미와 녹두를 넣고 채수를 부은 후 맛술 1큰술, 소금 약간으로 간해요.

tip. 밥물을 잡을 때, 채수 대신 물을 사용해도 괜찮아요. 소금을 약간 넣으면 녹두의 단맛이 살아납니다.

⑤ 뚜껑을 연 상태에서 중강불로 10분간 끓여요.

⑥ 바글바글 끓어오르면 주걱으로 2~3번 젓고, 솥밥 길이 생겼을 때 윗면을 정리한 후 약한 불로 줄입니다.

⑦ 뚜껑을 닫고 약한 불에서 10분 더 끓여요.

⑧ 불을 끄고 15분간 뜸 들입니다.

⑨ 뚜껑을 열고 주걱을 세워 밥을 십자로 가르고, 김을 빼며 위아래로 골고루 섞어서 냅니다.

예로부터 녹두빈대떡과 청포묵 등 고소한 별미를 만드는 데 활용한 녹두. 필수아미노산을 다량 함유해 어린이의 성장 발육에 도움을 주며 해열과 해독 작용이 탁월하다고 합니다. 보관할 때는 잘 밀봉해 냉동실에 넣어두세요.

# 귀리솥밥

길쭉한 낱알에 톡톡 터지는 재미난 식감을 즐길 수 있는 귀리솥밥. 쌀이나 현미와 함께 밥을 지어보세요. 풍부한 식이 섬유와 단백질을 함유한 귀리는 포만감을 안겨주는 건강한 잡곡밥이 될 거예요.

재료
· 백미 260㎖
· 귀리 40㎖
· 채수 330㎖

소요 시간
· 50분

① 백미와 귀리를 각각 흐르는 물에 여러 번 씻은 후 체에 밭쳐 물기를 뺀 다음 20분간 불립니다.

② 솥에 불린 백미와 귀리를 넣고 채수를 부어요.
tip. 밥물을 잡을 때, 채수 대신 물을 사용해도 괜찮아요.

③ 뚜껑을 연 상태에서 중강불로 5분간 끓여요.

④ 바글바글 끓어오르면 주걱으로 2~3번 젓고, 솥밥 길이 생겼을 때 윗면을 정리한 후 약한 불로 줄입니다.

⑤ 뚜껑을 닫고 약한 불에서 10분 더 끓여요.

⑥ 불을 끄고 15분간 뜸 들입니다.

⑦ 뚜껑을 열고 주걱을 세워 밥을 십자로 가르고, 김을 빼며 위아래로 골고루 섞어서 냅니다.

귀리는 밥에 넣어 먹거나 빵, 시리얼, 과자 등을 만드는 데 활용합니다. 귀리를 볶아 납작하게 만든 가공품이 오트밀이랍니다.

# 서리태솥밥

쌀밥 사이에 서리태가 콕콕 박혀 있는 검은콩밥에는 고소하게 무친 시금치나물이나 매콤하게 만든 두부조림이 잘 어울리는 것 같아요. 향긋한 달래장과 바삭한 파래김을 곁들이면 콩밥 한 그릇은 금세 뚝딱입니다.

재료

· 백미 250㎖

· 서리태 50㎖

· 채수 300㎖

소요 시간

· 50분

① 서리태는 흐르는 물에 깨끗이 씻은 후 반나절 불립니다.

tip. 서리태는 물을 잘 흡수하므로 물을 넉넉히 부어주세요. 밀폐 용기에 담아 냉장실에 넣어두면 됩니다.

② (1)을 끓는 물에 10분간 삶아요.

tip. 삶은 물을 그대로 밥물로 사용해도 좋아요.

③ 백미는 흐르는 물에 여러 번 씻은 후 체에 밭쳐 물기를 뺀 다음 20분간 불립니다.

④ 솥에 백미와 삶은 서리태를 넣고 채수를 부어요.

tip. 밥물을 잡을 때, 채수 대신 물을 사용해도 괜찮아요.

⑤ 뚜껑을 연 상태에서 중강불로 10분간 끓여요.

⑥ 바글바글 끓어오르면 주걱으로 2~3번 젓고, 솥밥 길이 생겼을 때 윗면을 정리한 후 약한 불로 줄입니다.

⑦ 뚜껑을 닫고 약한 불에서 10분 더 끓여요.

⑧ 불을 끄고 15분간 뜸 들입니다.

⑨ 뚜껑을 열고 주걱을 세워 밥을 십자로 가르고, 김을 빼며 위아래로 골고루 섞어서 냅니다.

대표적인 블랙 푸드, 서리태는 서리를 맞아가며 자란다고 해서 붙은 이름이라고 해요. 껍질은 검은색이지만 속은 파랗답니다. 식물성 에스트로겐이라고 불리는 콩 단백질 이소플라본을 풍부하게 함유하고 있어요.

# 율무솥밥

율무를 충분히 불려서 밥을 지어보세요. 탱글거리는 식감이 먹는 즐거움을 더해줍니다. 담백하고 구수한 밥맛에 조금만 먹어도 포만감이 가득할 거예요. 더 부드럽게 삶아 샐러드 토핑으로 활용하거나, 살살 볶아 차를 우려내보는 건 어때요?

재료

· 백미 240㎖
· 율무 60㎖
· 채수 300㎖
· 소금 약간

소요 시간

· 1시간

① 율무는 흐르는 물에 깨끗이 씻어 반나절 불립니다.

② (1)을 끓는 물에 10분간 삶아요.

tip. 율무를 삶는 시간은 좋아하는 식감에 맞게 가감합니다. 오래 불리거나 삶아야 하는 잡곡은 삶은 후 소분해 얼려두면 편리합니다.

③ 백미는 흐르는 물에 여러 번 씻은 후 체에 밭쳐 물기를 뺀 다음 20분간 불립니다.

④ 솥에 백미와 삶은 율무를 넣고 채수를 부은 후 소금 약간으로 간해요.

tip. 밥물을 잡을 때, 채수 대신 물을 사용해도 괜찮아요.

⑤ 뚜껑을 연 상태에서 중강불로 10분간 끓여요.

⑥ 바글바글 끓어오르면 주걱으로 2~3번 젓고, 솥밥 길이 생겼을 때 윗면을 정리한 후 약한 불로 줄입니다.

⑦ 뚜껑을 닫고 약한 불에서 10분 더 끓여요.

⑧ 불을 끄고 15분간 뜸 들입니다.

⑨ 뚜껑을 열고 주걱을 세워 밥을 십자로 가르고, 김을 빼며 위아래로 골고루 섞어서 냅니다.

동글동글한 모양에 구수한 향과 은은한 단맛을 품은 율무는 윤기가 돌고 연한 갈색을 띱니다. 이뇨 효과가 있어 가벼운 부종을 해소해주죠. 보관할 때는 씻지 말고 밀폐 용기에 담아 냉동실에 넣어두세요.

## 많이 하는 질문

**Q. 레시피보다 솥밥의 양을 늘릴 때 물 양, 재료 양, 시간 조절은 어떻게 해야 하나요?**

A. 기본적으로 솥밥을 지을 때 건쌀과 물의 양은 1:1 비율로 넣습니다. 보통 1인분에 건쌀 100㎖라고 생각하면 편해요. 쌀 양이 늘어나면 비율적으로 물과 재료 양을 늘려주세요. 끓이는 시간도 당연히 길어져야 합니다.

**Q. 예를 들어 4인분으로 늘어날 경우 재료 양과 불 조절은 어떻게 하나요?**

A. 4인분 : 쌀 400㎖, 물 400㎖를 넣은 후 뚜껑을 열고 중강불에서 6~7분(이때 솥밥 길이 보일 때까지 끓이는 게 포인트!)간 끓인 다음 뚜껑을 닫고 약한 불에서 12~13분간 끓여 15분간 뜸을 들입니다. 이런 식으로 시간을 양에 따라 조절하세요. 일단 기본 흰쌀 솥밥 만들기(P. 036)로 1~2번 연습해보세요.

**Q. 대용량 솥밥의 불 조절, 끓이는 시간은 어떻게 되나요?**

A. 중강불에서 바글바글 끓어오르면 주걱으로 바닥을 긁어요. 치이익 소리가 나면서 바닥이 보이고 길이 생길 때까지 끓이고, 뚜껑을 닫아 약한 불로 줄여 15분 정도 더 끓입니다. 약한 불에서 오래 끓였으니 뜸 들이는 시간은 10분이면 충분해요. 참고로 재료를 얹은 솥밥을 6인분 이상 요리할 때는 3인분(쌀 300㎖)씩 2개의 솥에 나누어 밥을 짓는 걸 추천합니다.

**Q. 전기밥솥 혹은 일반 냄비로도 만들 수 있나요?**

A. 같은 레시피로 전기밥솥에 지어도 되지만, 기존 솥밥보다 밥이 더 찰지게 될 수 있다는 점을 유의해주세요. 그리고 쯔유로 간한 솥밥의 경우, 전기밥솥 아랫부분에 자연스레 누룽지가 생깁니다. 또 일반 냄비로도 솥밥을 지을 수 있습니다. 자취생이 코팅 냄비로도 성공했다는 후기를 읽은 적이 있어요. 대신 얇은 냄비는 열 보존율이 낮고 냄비 바닥이 탈 수 있으니 불 조절에 신경 써야 합니다.

**Q. 채수를 내거나 국물 팩을 구입하기 어려울 때 간단한 방법이 있나요?**

A. 쌀 위에 국물용 건다시마를 1장 올려 밥을 지어보세요. 다시마에서 나온 진액으로 감칠맛이 배가됩니다. 채수 대신 건버섯 우린 물 혹은 녹차물을 활용해도 좋고요.

**Q. 현미찹쌀, 흑미, 백미 등 쌀 종류에 따라 불리는 시간이 다른가요?**

A. 겉을 싸고 있는 쌀겨층의 두께와 도정률이 다르기 때문에 쌀 종류에 따라 불리는 시간이 달라요. 백미는 깨끗이 씻어 물을 뺀 상태에서 20분간 불려도 되지만, 현미찹쌀이나 흑미는 끓인 물을 부어 20분 정도 불려야 합니다.

**Q. 잡곡은 얼마나 불려야 하나요?**

A. 잡곡에 따라 단단한 정도가 다르기 때문에 불리는 시간도 각각 다릅니다. 특히 단단한 팥, 서리태, 병아리콩 등의 경우 물에 반나절 동안 불리고, 15분 정도 따로 삶아요. 알갱이가 작은 차조, 키노아는 쌀과 함께 짧게 불려도 되고요. 자세한 내용은 잡곡 솥밥 파트(P. 042)에 설명해놓았습니다.

**Q. 백미를 잡곡으로 바꿔 솥밥을 지을 땐 어떻게 해야 하나요?**

A. 일단 백미로만 솥밥을 지을 때보다 물 양을 10~15% 더 많이 잡아야 합니다. 기본적으로 쌀밥보다 오래 익혀주세요.

**Q. 레시피대로 했는데 밥이 설익었을 땐 불이 약해서 그런 건가요?**

A. 밥이 설 익는 이유 중 90%가 처음 뚜껑을 열고 중강불에서 충분히 끓이지 않아서예요. 바글바글 끓기 시작하며 물이 다 졸아들고, 주걱으로 바닥을 긁었을 때 솥밥 길이 생길 때까지 끓인 후 약한 불로 줄이는 게 가장 중요합니다. 뚜껑을 닫고 약한 불에서 끓이는 시간을 늘리는 것도 방법이고요. 만약 불 조절이 완벽했다면, 너무 묵은쌀을 쓴 건 아닌지 점검해보세요. 수분이 날아간 묵은쌀의 경우 밥물 양을 늘리면 됩니다. 반대로 촉촉한 햅쌀의 경우엔 물을 10% 정도 덜 잡아주세요.

**Q. 밥이 설익었을 땐 어떻게 해야 하나요?**

A. 밥이 다 됐으면 뚜껑을 열고 밥을 골고루 섞어줍니다. 이때 밥알이 설익은 느낌이라면 모든 재료를 잘 섞은 후 채수 2큰술을 추가하고, 뚜껑을 닫은 다음 3~4분 정도 제일 약한 불에 올려놓으세요. 그럼 새 밥처럼 김이 모락모락 나며 설익었던 밥알이 알맞게 익을 거예요.

**Q. 솥밥할 때 사용하기 좋은 냄비 톱 3를 추천해주세요.**

A. 개인적으로 선호하는 솥밥 냄비는 '버미큘라 오븐 팟 라운드 18cm', '놋담 유기냄비', 그리고 가마솥 모양의 '무쎄 19cm'입니다. 주로 사용하는 냄비는 책 앞부분 '솥밥에 사용하는 솥 소개(P. 018)' 파트에 자세히 설명해두었어요.

**Q. 솥밥을 짓고 남은 밥은 어떻게 활용하나요?**

A. 동그랗게 뭉쳐 주먹밥을 만들거나, 밀폐 용기에 담아 냉장 보관한 후 다음 날 들기름에 노릇하게 볶아 먹기도 해요. 책 앞부분의 '남은 솥밥 활용법(P. 038)' 파트를 참고하세요.

**Q. 식은 밥, 남은 밥 보관법과 데워 먹는 법은?**

A. 식은 밥은 냉동밥 용기에 소분해 냉동실에 보관합니다. 냉동밥 전용 용기에 넣어놓으면 전자레인지에 간편하게 데울 수 있어요.

**Q. 쯔유 대신 간장을 사용해도 되나요?**

A. 일반 진간장, 양조간장은 너무 짜고 맛이 강하니, 맛간장에 물을 희석해 사용하거나 국시 간장을 사용하는 걸 추천합니다.

**Q. 쌀은 어떻게 보관하는 게 좋나요?**

A. 깨끗이 씻어 물기를 제거한 생수 페트병 혹은 쌀 전용 보관 용기에 담아 냉장 보관합니다. 갓 도정한 쌀을 소량으로 그때그때 구입하는 게 제일 좋아요.

**솥밥과 관련해 궁금한 점은 유튜브 '류니키친'에 오셔서 댓글로 남겨주세요. 바로바로 자세히 대답해드리겠습니다.**

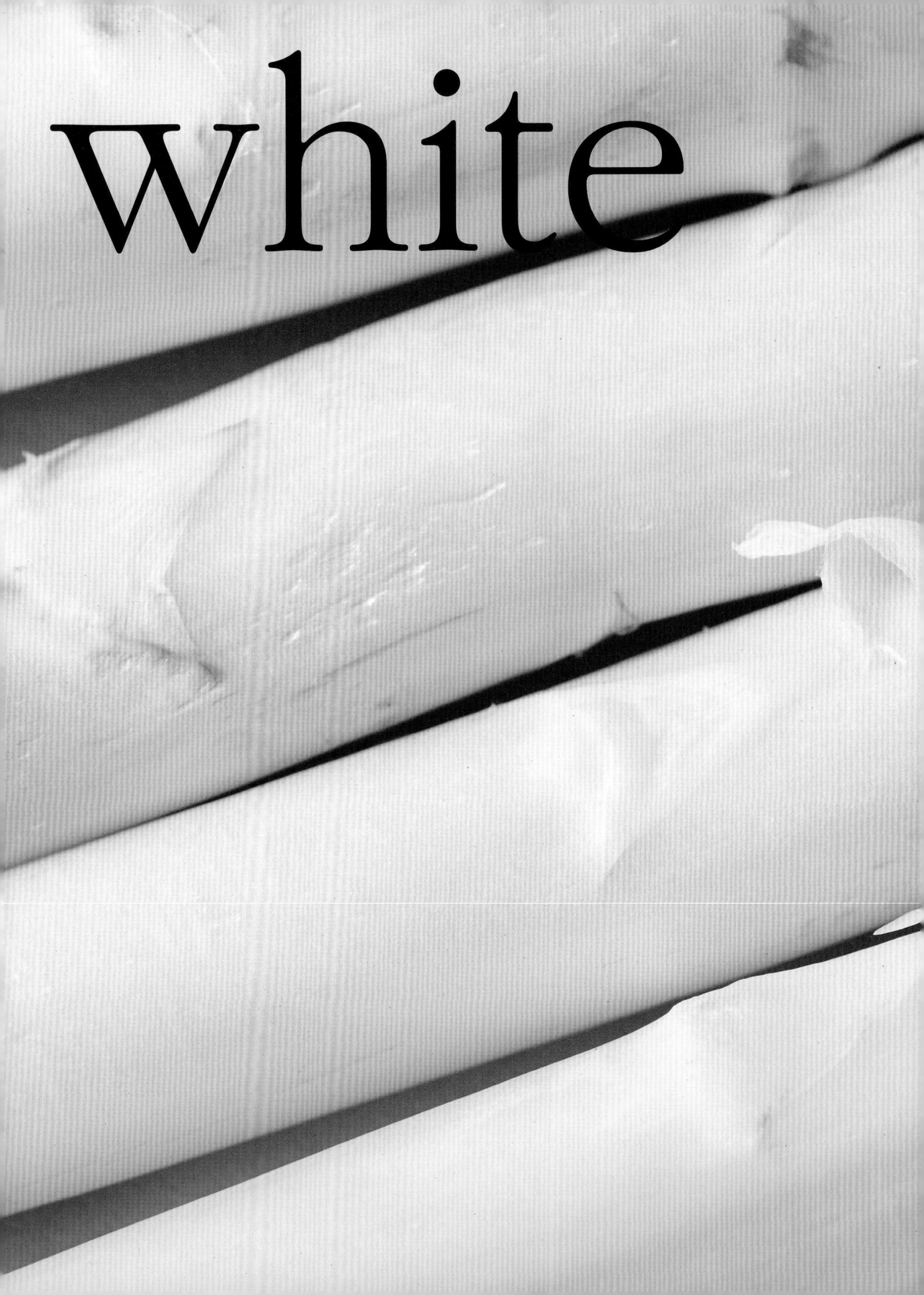
white

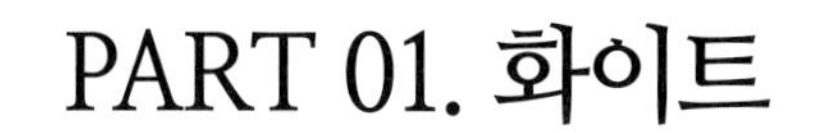

# PART 01. 화이트

면역력을 높이고 몸속 노폐물을 배출시켜주는 '화이트 푸드'. 대부분 광합성을 하지 못한 뿌리채소들이랍니다. 한의학에선 도라지, 무 등의 흰색 식재료가 폐와 기관지에 도움이 된다고 해요.

---


화이트아스파라거스솥밥
새송이버섯무솥밥
더덕튀김곤드레솥밥
양파양송이버섯솥밥
우엉밤솥밥
죽순참나물솥밥
마표고버섯솥밥
연근들깨솥밥
콜리플라워솥밥
마늘파슬리솥밥

# 화이트아스파라거스솥밥

아삭아삭한 식감을 제대로 즐길 수 있는 화이트아스파라거스솥밥은 아스파라거스를 통째 구워 먹기 전에 가위로 자르거나 미리 5㎝로 잘라서 구워도 괜찮아요. 상큼한 맛을 강조하고 싶을 땐, 마지막에 레몬 껍질을 많이 갈아 올리고 신선한 레몬즙을 한 스푼 추가합니다.

재료

- 쌀 300㎖
- 채수 300㎖
- 화이트 아스파라거스 5~6대
- 감자 2개
- 양파 1개
- 레몬 1개
- 생파슬리 1줌

양념 재료

- 비건 마요네즈 1큰술
- 폰즈소스 1큰술
- 올리브 오일 2큰술
- 소금 약간
- 비건 버터 1큰술
- 쯔유 1큰술
- 맛술 1큰술
- 통후추 약간

소요 시간

- 재료 준비 10분
- 요리 시간 30분

① 쌀은 흐르는 물에 여러 번 씻은 후 체에 밭쳐 물기를 뺀 상태에서 20분간 불립니다.

② 화이트 아스파라거스의 밑동을 자르고 질긴 껍질을 채칼로 두 겹 정도 벗겨요.

③ 감자와 양파를 작게 깍둑썰기 합니다. 감자는 물에 담가 전분기를 빼주세요.

④ 생파슬리는 잘게 다져 준비합니다.

tip. 생파슬리는 쪽파로 대체 가능해요.

⑤ 유리 볼에 마요네즈 1큰술과 폰즈소스 1큰술을 골고루 섞어놔요.

⑥ 팬에 올리브 오일 2큰술을 두르고 중간 불에서 (2)를 노릇하게 구운 후 소금 약간으로 간합니다.

⑦ 아스파라거스 겉이 노릇해지면 불을 끄고 (6)에 (5)를 끼얹어 소스가 잘 배도록 가볍게 섞어요.

tip. 아스파라거스를 너무 오래 구우면 타버릴 수 있으니 소스를 넣고 바로 불을 끈 뒤 잔열로 섞는 게 좋아요.

⑧ 솥에 버터를 1큰술 넣어 중간 불에서 녹이고 감자를 넣어 볶다가 겉이 노릇해지면 양파를 넣어 함께 볶고 소금 약간으로 간합니다.

⑨ 양파가 투명해지면 불린 쌀을 붓고 1분간 볶다가 채수를 붓고 쯔유 1큰술, 맛술 1큰술로 간한 후 뚜껑을 연 상태로 중강불에서 5분간 끓입니다.

⑩ 바글바글 끓어오르면 주걱으로 2~3번 저은 후 솥밥 길이 생겼을 때 윗면을 정리하고 약한 불로 줄입니다.

⑪ 쌀 위에 (7)을 가지런히 올리고 뚜껑을 닫아 제일 약한 불에서 10분간 끓입니다.

⑫ 불에서 내려 15분간 뜸 들인 후 뚜껑을 열어 생파슬리를 듬성듬성 예쁘게 올려요.

⑬ 통후추를 갈아 올리고 레몬 껍질을 그레이터로 갈아 뿌려 냅니다.

류니의 재료 이야기 그린 아스파라거스를 재배할 때 흙을 덮어 햇볕을 차단하면 화이트 아스파라거스가 됩니다. 부드러운 맛과 섬유질이 풍부한 식감이 특징이에요. 특히 아스파라긴산이라는 아미노산을 다량 함유해 피로와 숙취 해소에 도움을 줍니다. 줄기가 곧으며 봉오리가 단단하고 끝이 모여 있는 것을 고르세요.

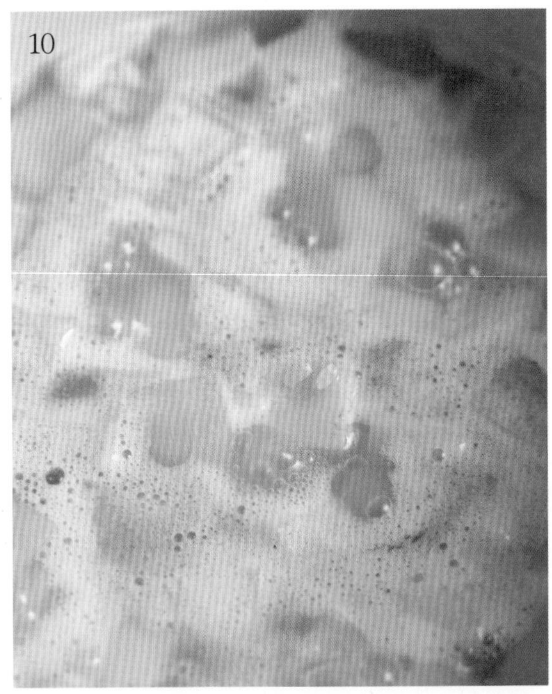

10

12

13

# 새송이버섯무솥밥

무의 시원하고 달큼한 맛을 그대로 느낄 수 있는 솥밥이에요. 무에서 채수가 나오는 것을 생각해 밥물을 조금 덜 잡아주는 걸 잊지 마세요. 새송이버섯을 구울 땐 버섯에서 물기가 나왔다가 다시 흡수될 때까지 굽는 게 포인트입니다.

재료

- 쌀 300㎖
- 채수 280㎖
- 무 ⅓개
- 새송이버섯 1팩
- 쪽파 ½단

양념 재료

- 소금 약간
- 들기름 2큰술
- 쯔유 2큰술
- 검은깨 1큰술

소요 시간

- 재료 준비 10분
- 요리 시간 30분

① 쌀은 흐르는 물에 여러 번 씻은 후 체에 밭쳐 물기를 뺀 상태에서 20분간 불립니다.

② 무는 도톰하게 채 썰고 새송이버섯은 세로로 길쭉하게 편 썰어요. 버섯은 구우면 아주 얇아지니 생각보다 두껍게 썰어주세요.

③ 쪽파는 얇게 총총 썰어서 준비해요.

④ 마른 팬에 버섯을 지지듯 굽고 소금 약간으로 간합니다. 버섯에서 물기가 나왔다가 다시 흡수될 때까지 굽는 게 포인트예요.

⑤ 솥에 들기름 2큰술을 두르고 무를 넣어 중간 불에서 볶아요.

⑥ 무가 반투명해지면 불린 쌀을 넣고 1분 더 볶다가 채수를 붓고 쯔유 2큰술로 간합니다.

⑦ 뚜껑을 연 상태에서 중강불로 5분간 끓입니다.

⑧ 바글바글 끓어오르면 주걱으로 2~3번 저은 후 솥밥 길이 생겼을 때 윗면을 정리하고 약한 불로 줄입니다.

⑨ 쌀 위에 구운 버섯을 가지런히 올리고 뚜껑을 닫아 제일 약한 불에서 10분간 끓입니다.

⑩ 불에서 내려 15분간 뜸 들인 후 뚜껑을 열어 썰어놓은 쪽파를 듬뿍 올리고 검은깨 1큰술을 뿌려 냅니다.

tip. 먹기 전에 들기름을 취향껏 추가하면 더 고소하게 먹을 수 있어요.

류니의 재료 이야기 속이 꽉 차 무거우면서 탱탱하고 잔뿌리가 없는 무를 고르세요. 무는 시금치의 6배에 달하는 칼슘을 함유해 뼈 건강에 도움을 줍니다. 무를 채 썰어 볕에 말린 무말랭이는 비타민과 칼슘 함량이 높을 뿐 아니라 오독한 식감이 재밌더라고요.

7

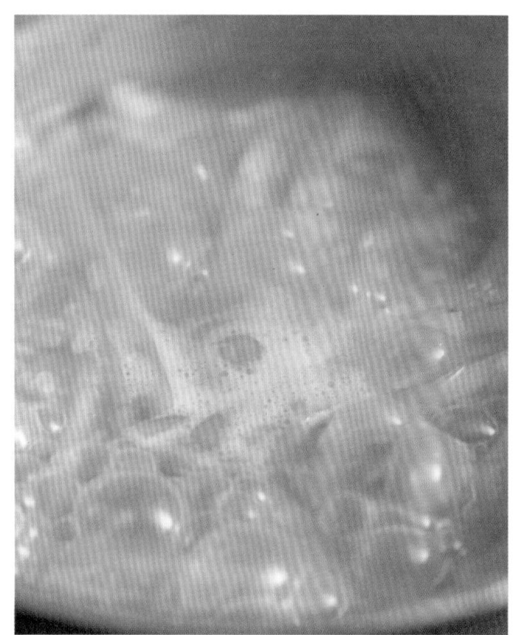

8

9

10

# 더덕튀김곤드레솥밥

추운 겨울부터 초봄까지가 제철인 더덕. 주로 얇게 두들겨 매콤한 더덕구이로 요리하거나 살짝 말려 장아찌를 만들어 먹기도 해요. 더덕을 찹쌀가루에 쫀득하게 튀겨서 갓 지은 곤드레밥 위에 올려보세요. 쌉싸름한 더덕의 흙 내음과 구수한 곤드레가 잘 어우러진답니다.

재료
- 쌀 300㎖
- 채수 300㎖
- 깐 더덕 5~6개
- 건곤드레 1줌
- 당근 1개
- 은행 ½줌
- 쪽파 ¼단
- 식용유 적당량

양념 재료
- 찹쌀가루 1큰술
- 소금 1작은술+약간
- 쯔유 1큰술
- 들기름 1큰술
- 진간장 1큰술
- 매실액 1큰술

튀김 반죽 재료
- 찹쌀가루 2큰술
- 얼음물 200㎖

소요 시간
- 재료 준비 10분
- 요리 시간 30분

① 쌀은 흐르는 물에 여러 번 씻은 후 체에 밭쳐 물기를 뺀 상태에서 20분간 불립니다.

② 은행을 들기름 ½큰술에 가볍게 볶아 소금 약간으로 간해서 준비합니다. 익히면서 벗겨진 은행 껍질을 제거하세요.

③ 건곤드레는 물에 담가 반나절 이상 불렸다가 20분 이상 삶은 후 물기를 꽉 짜고 한입 크기로 썰어요.

tip. 불리지 않고 바로 먹을 수 있는 자숙 곤드레와 깐 더덕을 구입하면 조리가 더 간편합니다.

④ (3)에 들기름 ½큰술, 진간장 1큰술, 매실액 1큰술, 소금 약간을 넣어 조물조물 무쳐요.

⑤ 깐 더덕은 길게 4등분하고, 당근은 5㎝로 채 썰고, 쪽파는 얇게 총총 썰어 준비합니다.

⑥ 솥에 불린 쌀과 채수를 붓고 쯔유 1큰술로 간한 후 뚜껑을 연 상태로 중강불에서 5분간 끓입니다.

⑦ 바글바글 끓어오르면 주걱으로 2~3번 저은 후 솥밥 길이 생겼을 때 윗면을 정리하고 약한 불로 줄입니다.

⑧ (7)에 (4)와 은행을 올리고 뚜껑을 닫아 제일 약한 불에서 10분간 끓입니다.

⑨ 불에서 내려 15분간 뜸 들입니다.

⑩ 뜸 들이는 동안 유리 볼에 썰어놓은 더덕과 당근을 담고 소금 1작은술, 찹쌀가루 1큰술을 넣어 골고루 무칩니다.

tip. 찹쌀가루로 만든 튀김옷은 끈적거릴 수 있으니 서로 들러붙지 않게 조심하세요. 찹쌀가루 대신 튀김가루를 사용해도 괜찮아요.

⑪ 얼음물 200㎖에 찹쌀가루 2큰술을 풀어 튀김 반죽을 만들고 (10)에 묻혀요.

⑫ 튀김용 냄비에 식용유를 넉넉히 붓고 강한 불로 끓이다가 반죽을 약간 넣어 포르르 끓어오르면 (11)을 한 젓가락씩 넣어 튀겨요.

⑬ 뜸이 다 들면 뚜껑을 열어 더덕튀김을 가운데 봉긋하게 올리고 썰어놓은 쪽파를 올려 냅니다.

⑭ 상큼한 유자청 양념장(P. 028)을 곁들여 먹으면 더 맛있어요.

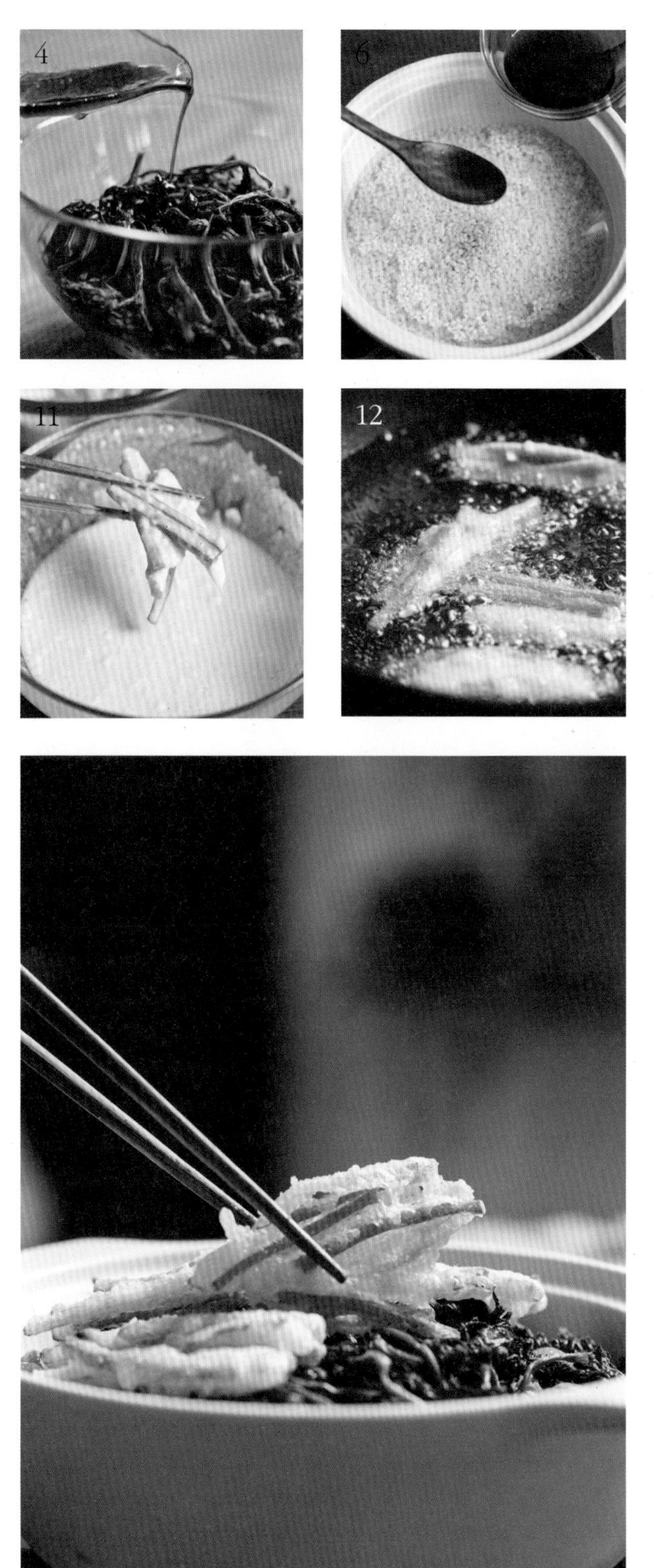

류니의 재료 이야기 더덕은 껍질을 벗겼을 때 속살이 하얗고 실뿌리가 적은 것이 좋아요. 면역력과 혈액순환 개선에 좋은 '사포닌'이 도라지나 인삼보다 더 풍부합니다. 껍질에 흙이 묻어 있는 더덕을 구입하면 더 신선하겠지만, 껍질을 깨끗이 깐 더덕을 진공 포장해 판매하는 걸 구입하면 따로 손질할 필요가 없어 편리하고 시간도 절약할 수 있어요.

# 양파양송이버섯솥밥

양송이버섯을 발사믹 글레이즈로 양념해 요리할 거예요. 달달한 풍미와 균형 잡힌 산미가 매력적인 발사믹 글레이즈로 특별함을 더해봤어요. 양송이버섯이 흐물거리지 않도록 꼭 두툼하게 썰어 준비합니다.

재료

- 쌀 300ml
- 채수 290ml
- 양송이버섯 8~10개
- 양파 1개
- 마늘 3톨
- 쪽파 ⅓단

양념 재료

- 비건 버터 2큰술
- 올리브 오일 1큰술
- 발사믹 글레이즈 2큰술
- 쯔유 1큰술
- 소금 약간

소요 시간

- 재료 준비 10분
- 요리 시간 30분

① 쌀은 흐르는 물에 여러 번 씻은 후 체에 밭쳐 물기를 뺀 상태에서 20분간 불립니다.

② 양송이버섯은 두툼하게 편 썰고 마늘은 굵게 다지고, 양파는 작게 깍둑 썰어요.

③ 쪽파는 얇게 총총 썰어 준비합니다.

④ 팬에 버터 1큰술을 넣고 강한 불에서 양송이버섯을 볶아요. 버섯의 수분을 날려주는 게 포인트입니다.

⑤ 버섯의 숨이 죽으면 발사믹 글레이즈 2큰술, 소금 약간으로 간하고 강한 불로 조립니다.

⑥ 솥에 올리브 오일 1큰술을 두르고 중간 불에 마늘을 볶다가 마늘 향이 올라오면 양파를 넣어 함께 볶아요.

⑦ 양파가 투명해지면 불린 쌀을 넣고 소금 약간으로 간한 후 1분간 더 볶아요.

⑧ 채수를 붓고 쯔유 1큰술, 버터 1큰술로 간하고 뚜껑을 연 채 중강불로 5분간 끓입니다.

⑨ 바글바글 끓어오르면 주걱으로 2~3번 저은 후 솥밥 길이 생겼을 때 윗면을 정리하고 약한 불로 줄입니다.

⑩ 쌀 위에 (5)를 가지런히 올리고 뚜껑을 닫아 제일 약한 불에서 10분간 끓입니다.

⑪ 불에서 내려 15분간 뜸 들인 후 뚜껑을 열어 썰어놓은 쪽파를 듬뿍 올리고 재료를 잘 섞어 냅니다.

2

4

5

6

7

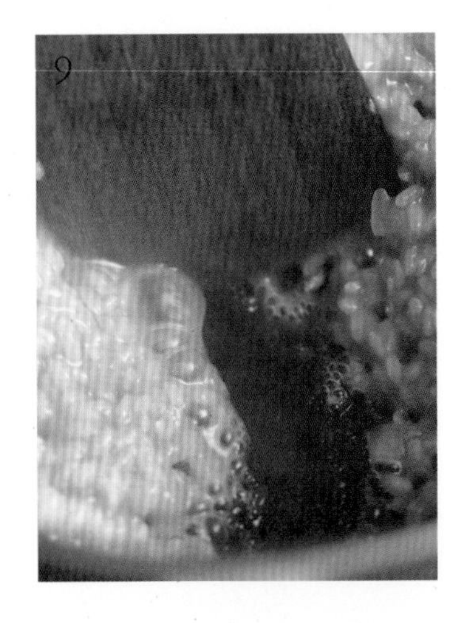
9

10

류니의 재료 이야기

매끈하고 폭신한 질감이 매력적인 양송이버섯은 버섯 중 단백질 함량이 가장 높다고 해요. 저칼로리에 섬유소가 풍부해서 적은 양을 섭취해도 포만감을 느낄 수 있으니 다이어트에도 효과적이고요. 베타글루칸과 폴리페놀 함량이 높아 암세포 증식을 억제하는 항암 작용을 하기도 해요. 전체적으로 하얀빛에 갓이 동글동글하고 단단하며 탄력 있는 것으로 고르세요.

# 우엉밤솥밥

얇게 채 썬 우엉과 밤을 살짝 볶아 쌀을 붓고 밥을 지으면 쌀알에 고소한 풍미가 사르르 스며들어 고즈넉한 가을 풍경이 생각나는 한 그릇이 완성됩니다. 우엉과 밤 자체의 맛을 온전히 느끼고 싶다면 소금만으로 살짝 간하는 걸 추천할게요.

재료

- 쌀 300㎖
- 채수 300㎖
- 우엉 10cm
- 깐 밤 7~8개
- 쪽파 ⅓단
- 검은깨 1큰술

양념재료

- 들기름 1큰술
- 쯔유 1큰술
- 설탕 ½큰술
- 맛술 1큰술
- 소금 약간

소요시간

- 재료준비 10분
- 요리시간 30분

① 쌀은 흐르는 물에 여러 번 씻은 후 체에 밭쳐 물기를 뺀 상태에서 20분간 불립니다.

② 우엉은 3~4㎝ 길이로 잘라 얇게 채 썰고, 깐 밤은 편 썰어주세요.
tip. 단단한 질감의 채소를 손질할 때는 손을 다칠 수 있으니 조심하기!

③ 쪽파는 얇게 총총 썰어 준비합니다.

④ 솥에 들기름 1큰술을 두르고 중간 불에서 우엉과 밤을 볶아요.

⑤ 우엉이 투명해지면 쯔유 1큰술, 설탕 ½큰술, 맛술 1큰술로 간하고 1분 더 볶아요.

⑥ 솥에 불린 쌀과 채수를 붓고 소금 약간으로 간한 후 뚜껑을 연 상태에서 중강불로 5분간 끓입니다.

⑦ 바글바글 끓어오르면 주걱으로 2~3번 저은 후 솥밥 길이 생겼을 때 윗면을 정리하고 약한 불로 줄입니다.

⑧ 뚜껑을 닫아 제일 약한 불에서 10분간 끓입니다.

⑨ 불에서 내려 15분간 뜸 들인 후 뚜껑을 열어 썰어놓은 쪽파를 듬뿍 올리고 검은깨 1큰술을 뿌려 냅니다.

2

4

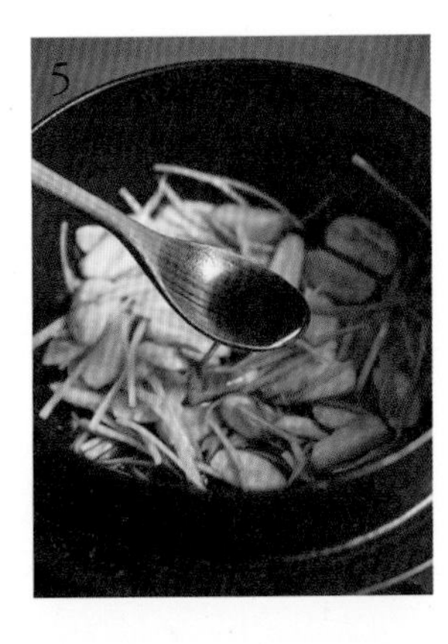
5

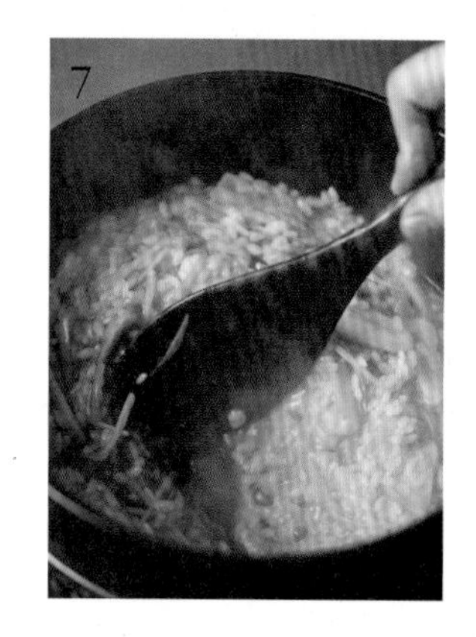

류니의 재료 이야기 아삭하게 씹히는 맛이 좋은 우엉은 1월에서 3월이 제철이에요. 볶음, 조림, 튀김 등 다양한 요리에 활용할 수 있고, 말려서 차를 끓여 마시기도 하죠. 우엉은 껍질에 영양 성분이 많으니 흐르는 물로 흙을 깨끗이 씻고, 칼등으로 지저분한 부분만 긁어내세요. 상처 없이 밝은 갈색을 띠고 살짝 구부렸을 때 부드럽게 휘는 것이 신선도가 높은 것이에요.

# 죽순참나물솥밥

담백하고 은은한 향취로 봄철 입맛을 돋우는 죽순. 모양을 살려 얇게 슬라이스해 부드럽게 즐기거나 통으로 죽순 찜이나 조림을 요리해 쫄깃하고 아삭한 식감을 즐길 수 있어요. 솥밥 이외에도 국이나 찌개에 넣으면 국물 맛이 시원해지더라고요.

재료

· 쌀 300mℓ
· 채수 300mℓ
· 삶은 죽순(시판) 200g
· 참나물 2줌
· 다진 마늘 1큰술

양념 재료

· 쯔유 1큰술
· 식용유 1큰술
· 진간장 1+½큰술
· 들깨가루 1큰술
· 소금 약간

참나물 양념 재료

· 폰즈소스 2큰술
· 들기름 1큰술
· 통깨 1큰술

소요 시간

· 재료 준비 10분
· 요리 시간 30분

① 쌀은 흐르는 물에 여러 번 씻은 후 체에 밭쳐 물기를 뺀 상태에서 20분간 불립니다.

② 깨끗하게 손질한 삶은 죽순을 끓는 물에 2~3분간 데쳐 얼음물로 씻어 준비하세요.

③ 물기를 제거한 죽순은 얇게 편 썰어 한입 크기로 모양을 살려 자르고, 참나물은 5㎝ 정도로 총총 썰어요.

④ 마늘은 잘게 다져줍니다.

⑤ 팬에 식용유 1큰술을 두르고 다진 마늘을 중간 불에서 볶아요.

⑥ 마늘 향이 올라오면 죽순을 넣고 중간 불에서 볶다가 소금 약간, 진간장 1+½큰술로 간하고 들깨가루 1큰술을 뿌려요.

⑦ 솥에 불린 쌀과 채수를 붓고 쯔유 1큰술로 간한 후 뚜껑을 연 채 중강불로 5분간 끓입니다.

⑧ 바글바글 끓어오르면 주걱으로 2~3번 저은 후 솥밥 길이 생겼을 때 윗면을 정리하고 약한 불로 줄입니다.

⑨ 쌀 위에 ⑹을 얹고 뚜껑을 닫아 제일 약한 불에서 10분간 끓입니다.

⑩ 불에서 내려 15분간 뜸 들이고, 그동안 참나물에 폰즈소스 2큰술, 들기름 1큰술, 통깨 1큰술로 간해 준비합니다.

⑪ 뚜껑을 열어 양념한 참나물을 소복이 올려 냅니다.

류니의 재료 이야기 봄이 제철인 죽순은 대나무의 어리고 연한 싹입니다. 기본적으로 단백질 함량이 높고 원기 회복에 도움을 주는 칼륨, 비타민 B가 풍부해요. 떫고 아린 맛이 강해 반드시 손질이 필요한데, 요즘엔 손질해서 삶은 죽순을 판매하니 그걸 사용하면 간편합니다.

10

11

# 마표고버섯솥밥

강판이나 믹서에 가는 게 익숙한 식재료인 마. 튀김이나 구이로 익혀 조리하면 특유의 끈적임이 사라지며 고소한 풍미와 단맛이 진해집니다. 쫄깃한 생표고버섯과 아삭한 마를 큼직하게 잘라 들기름에 볶고 쌀 위에 올려 밥을 지어볼게요. 이때 마와 표고버섯은 부피를 비슷하게 맞춰주세요. 마지막엔 시소 잎을 올려 산뜻하고 개운한 풍미를 더합니다.

재료

· 쌀 300㎖

· 채수 300㎖

· 마 200g

· 표고버섯 5~6개

· 시소 4~5장

양념 재료

· 들기름 2큰술

· 쯔유 1큰술

· 맛술 1큰술

· 소금 약간

· 후춧가루 약간

소요 시간

· 재료 준비 10분

· 요리 시간 30분

① 쌀은 흐르는 물에 여러 번 씻은 후 체에 밭쳐 물기를 뺀 상태에서 20분간 불립니다.

② 마는 껍질을 벗겨 1㎝ 두께로 십자썰기 하고, 표고버섯은 기둥을 제거한 후 4등분합니다.

③ 팬에 들기름 1큰술을 두르고 마를 노릇하게 굽다가 표고버섯을 넣고 쯔유 1큰술, 맛술 1큰술, 소금 약간, 후춧가루 약간으로 간하고 수분을 날리듯 볶아요.

④ 솥에 불린 쌀과 채수를 붓고 소금 약간으로 간한 후 뚜껑을 연 상태에서 중강불로 5분간 끓여요.

⑤ 바글바글 끓어오르면 주걱으로 2~3번 저은 후 솥밥 길이 생겼을 때 윗면을 정리하고 약한 불로 줄입니다.

⑥ 쌀 위에 (3)을 올리고 뚜껑을 닫은 후 제일 약한 불에서 10분간 끓입니다.

⑦ 불을 끄고 15분간 뜸 들인 후 뚜껑을 열어 들기름 1큰술을 두르고 시소를 손으로 작게 찢어서 올려 냅니다.

tip. 시소 대신 깻잎이나 송송 썬 쪽파로 대체해도 괜찮아요. 하지만 시소를 올렸을 때 제일 향긋하고 고급스러운 느낌이 든답니다.

류니의 재료 이야기 마는 비타민 C와 아미노산, 칼륨, 철분 같은 무기질, 그리고 단백질이 풍부하다고 해요. 껍질을 벗기면 끈적이는 점액이 나오는데, 이것이 소화 기능을 향상시키고 위를 보호하는 역할을 합니다. 두께가 굵고 무게감이 느껴지는 것을 고르는 게 좋아요. 서늘한 곳에서 한번 말린 후 신문지나 종이로 싸서 통풍이 잘되는 곳에 보관하세요.

3

4

5

6

# 연근들깨솥밥

껍질을 벗겨 구이, 부침, 튀김, 조림 등 다양한 요리에 사용하는 연근. 단단한 섬유질을 어떻게 자르냐에 따라 식감이 달라집니다. 연근밥을 지을 때는 아삭한 식감을 살리기 위해 둥글게 썰어 활용해보세요. 연근의 두께가 얇을수록 고슬고슬한 밥알과 잘 어울립니다.

재료

· 쌀 300㎖

· 채수 300㎖

· 연근 400g

· 쪽파 ⅓단

양념 재료

· 쯔유 1큰술

· 식초 1큰술

연근 볶음 재료

· 들기름 2큰술

· 진간장 2큰술

· 들깨가루 2큰술

· 비건 마요네즈 1큰술

· 소금 약간

· 채수 100㎖

소요 시간

· 재료 준비 10분

· 요리 시간 30분

① 쌀은 흐르는 물에 여러 번 씻은 후 체에 밭쳐 물기를 뺀 상태에서 20분간 불립니다.

② 쪽파를 얇게 총총 썰어 준비해요.

③ 연근은 껍질을 벗긴 후 절반은 얇게 슬라이스하고 나머지는 1㎝로 깍둑썰기 합니다.

④ 팔팔 끓는 물에 식초 1큰술과 연근을 넣어 3분간 데치고 찬물에 헹궈서 물기를 빼줍니다.

⑤ 얇게 슬라이스한 연근은 들기름 1큰술을 두른 팬에 넣고 중간 불에서 양면을 노릇하게 구워 키친타월에 올려놓아요.

⑥ 같은 팬에 들기름 1큰술을 두르고 중간 불에서 깍둑썰기 한 연근을 1분간 볶다가 채수 100㎖, 진간장 2큰술, 들깨가루 2큰술, 소금 약간, 마요네즈 1큰술로 간하고 골고루 저어주며 1분만 볶아요.

tip. 소스가 타지 않게 조심하고, 물기가 자작해질 때까지만 볶으면 됩니다.

⑦ 솥에 불린 쌀과 채수 300㎖를 붓고 쯔유 1큰술로 간한 후 뚜껑을 연 상태에서 중강불로 5분간 끓입니다.

⑧ 바글바글 끓어오르면 주걱으로 2~3번 저은 후 솥밥 길이 생겼을 때 윗면을 정리하고 약한 불로 줄입니다.

⑨ 쌀 위에 ⑹을 깔고 그 위에 구운 연근을 올린 후 뚜껑을 닫아 제일 약한 불에서 10분간 끓입니다.

⑩ 불에서 내려 15분간 뜸 들인 후 뚜껑을 열고 썰어놓은 쪽파를 올려 냅니다.

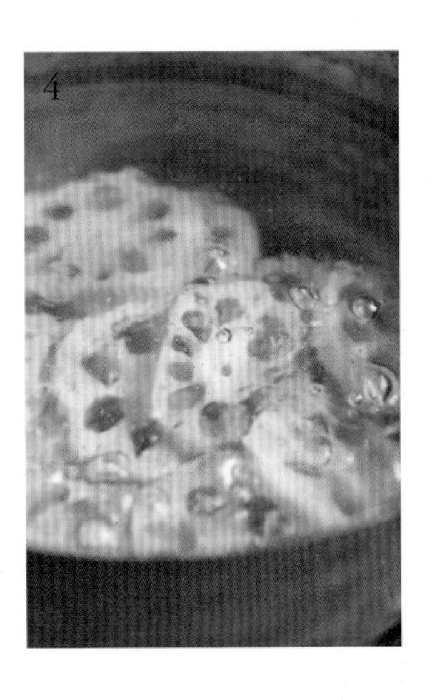
4

5

6

7

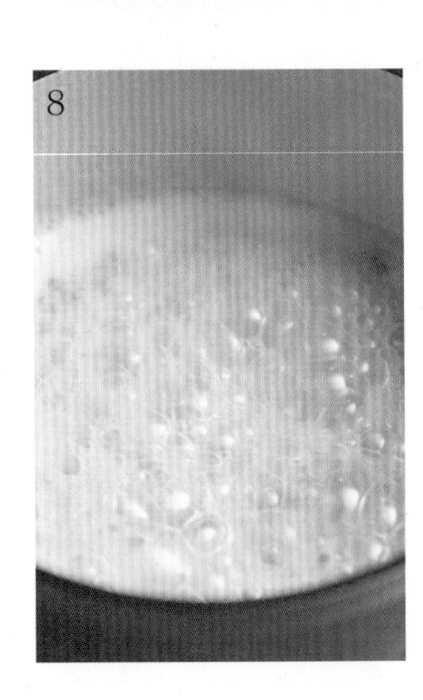
8

9

**류니의 재료 이야기** 비타민 C가 특히 풍부한 연근은 피로 해소와 각종 염증 완화에 도움을 줍니다. 또 식이 섬유가 풍부해 장을 건강하게 해줘요. 기본적으로 길고 굵은 것으로 고르고, 속이 하얗고 구멍 크기가 고른 것이 좋아요. 연근 껍질을 벗기고 식초물에 담가놓으면 갈변을 막고 흰색을 유지할 수 있습니다.

# 콜리플라워솥밥

겉을 지지듯이 구운 콜리플라워에 마늘 파우더와 건오레가노로 풍미를 더하면 훨씬 그럴싸하겠죠? 마지막에 뿌리는 올리브 오일은 꼭 등급이 높은 것으로 사용하세요. 마지막에 매콤한 파프리카 파우더를 톡톡 뿌려주는 것도 잊지 말고요.

재료
- 쌀 300㎖
- 채수 290㎖
- 콜리플라워 200g
- 당근 ½개
- 느타리버섯 ½팩
- 베이비 루콜라 1줌

양념 재료
- 올리브 오일 4큰술
- 쯔유 1큰술
- 파프리카 파우더 약간
- 소금 약간

콜리플라워 양념
- 소금 ½작은술
- 마늘 파우더 ½큰술
- 건오레가노 ½큰술
- 통후추 약간

소요 시간
- 재료 준비 10분
- 요리 시간 30분

① 쌀은 흐르는 물에 여러 번 씻은 후 체에 밭쳐 물기를 뺀 상태에서 20분간 불립니다.

② 콜리플라워는 모양을 살려 두툼하게 3등분합니다.

③ 느타리버섯과 당근은 굵게 다져요.

④ 팬에 올리브 오일 2큰술을 두르고 중간 불에서 (2)의 단면을 지지듯이 구워요. 한쪽 겉면이 노릇해지면 뒤집어서 뚜껑을 닫고 약한 불로 줄여 5분 더 구워요.

⑤ 유리 볼에 소금 ½작은술, 마늘 파우더 ½큰술, 건오레가노 ½큰술을 넣고 통후추를 약간 갈아서 섞은 후 (4)의 겉면에 골고루 묻혀주세요.

⑥ 솥에 올리브 오일 1큰술을 두르고 중간 불에서 당근을 볶아요. 이때 소금 약간으로 간합니다.

⑦ 당근이 투명해지면 느타리버섯을 넣고 물기가 사라질 때까지 볶아주세요.

⑧ 솥에 불린 쌀을 넣고 1분 더 볶다가 채수를 붓고 쯔유 1큰술로 간합니다.

⑨ 뚜껑을 연 채 중강불로 5분간 끓입니다.

⑩ 바글바글 끓어오르면 주걱으로 2~3번 저은 후 솥밥 길이 생겼을 때 윗면을 정리하고 약한 불로 줄입니다.

⑪ 쌀 위에 (5)를 얹고 뚜껑을 닫아 제일 약한 불에서 10분간 끓입니다.

⑫ 불에서 내려 15분간 뜸 들인 후 뚜껑을 열어 향긋한 올리브 오일 1큰술, 베이비 루콜라를 얹고 파프리카 파우더를 톡톡 뿌려 냅니다.

tip. 이국적이고 매콤한 향의 파프리카 파우더는 취향에 따라 생략 가능해요.

9

10

11

12

류니의 재료 이야기 꽃양배추로도 불리는 콜리플라워는 항암 효과가 뛰어나 슈퍼푸드 중 하나로 꼽힌다고 해요. 뇌 기능을 활성화하는 콜린이 풍부해서 기억력과 집중력을 향상시켜주고요. 둥글고 순백에 얼룩이 없는 것, 꽃봉오리가 빈틈없이 촘촘하면서 봉긋하게 솟아오른 것이 수분이 많아 맛이 훨씬 좋답니다.

# 마늘파슬리솥밥

마늘은 우리 식탁에서 빼놓을 수 없는 익숙한 식재료예요. 매운맛이 강해 그냥 먹기엔 부담스럽지만 굽거나 볶으면 매운맛은 사라지고 고소하고 진한 감칠맛만 남죠. 마늘을 조금 과하다 싶을 정도로 준비해주세요. 바삭하게 구워 마늘 칩도 만들고 곱게 으깨어 스프레드도 만들어야 하거든요.

재료

- 쌀 300㎖
- 채수 300㎖
- 마늘 2~3줌
- 파슬리 1줌
- 양파 ½개
- 셀러리 1줄기

양념 재료

- 쯔유 1큰술
- 비건 버터 ½큰술
- 비건 마요네즈 1큰술
- 메이플 시럽 1큰술
- 올리브 오일 3큰술
- 레몬즙 1큰술
- 소금 약간
- 통후추 약간

소요 시간

- 재료 준비 10분
- 요리 시간 30분

① 쌀은 흐르는 물에 여러 번 씻은 후 체에 밭쳐 물기를 뺀 상태에서 20분간 불립니다.
② 마늘은 3등분으로 편 썰고, 파슬리는 총총 썰고, 셀러리 줄기와 양파는 굵게 다져주세요.
③ 냄비에 물을 끓이고 마늘 절반을 넣어 부드럽게 으깨질 정도로 삶아주세요.
④ 남은 마늘은 올리브 오일 2큰술을 두른 팬에서 노릇하게 구워 마늘 칩을 만들어요.
⑤ (3)을 고르게 으깬 후 소금 약간, 버터 ½큰술, 마요네즈 1큰술, 메이플 시럽 1큰술을 넣고 통추후를 약간 갈아 잘 섞어서 스프레드처럼 만드세요.
⑥ 솥에 올리브 오일 1큰술을 두르고 중간 불에서 다진 셀러리와 양파를 볶아요.
⑦ 양파가 투명해지면 불린 쌀을 넣고 1분 더 볶다가 채수를 붓고 쯔유 1큰술, 소금 약간으로 간합니다.
⑧ 뚜껑을 연 상태에서 중강불로 5분간 끓입니다.
⑨ 바글바글 끓어오르면 주걱으로 2~3번 저은 후 솥밥 길이 생겼을 때 윗면을 정리하고 약한 불로 줄입니다.
⑩ 쌀 위에 (5)를 평평하게 깔고 뚜껑을 닫아 제일 약한 불에서 10분간 끓입니다.
⑪ 불에서 내려 15분간 뜸 들인 후 뚜껑을 열어 레몬즙 1큰술, 마늘 칩과 파슬리를 올리고 통후추를 갈아 냅니다.

tip. 알싸한 맛을 좋아하면 마늘 칩 토핑을 많이 올려도 좋아요. 추가로 레몬 껍질을 그레이터로 갈아 뿌리면 훨씬 예쁘고 상큼할 거예요.

2
3
4
5
6
7
9
10

류니의 재료 이야기 마늘의 주성분 '알리신'은 강력한 살균 작용을 하며, 콜레스테롤 수치를 낮춰 고지혈증과 동맥경화증 개선에 도움을 주기에 심혈관 질환을 예방할 수 있어요. 들었을 때 묵직하면서 통통하고 끝이 뾰족한 것을 골라주세요. 깐 마늘은 깨끗이 씻어 물기를 제거하고 밀폐 용기에 넣어 냉장 보관합니다.

yellow

# PART 02. 옐로

대표적인 '옐로 푸드'로는 당근, 호박, 고구마, 옥수수가 있어요. 노란색 채소에 함유된 카로티노이드 성분이 노화 속도를 늦추며 소화 기능을 도와 위장을 보호하는 역할을 합니다.

---


단호박양파튀김솥밥

옥수수카레솥밥

고구마청경채솥밥

낫토양상추솥밥

콩나물묵은지솥밥

유부섬초솥밥

숙주마늘종솥밥

햇생강솥밥

돼지호박양배추솥밥

미니당근아스파라거스솥밥

# 단호박양파튀김솥밥

어떤 재료와도 잘 어울리는 은은한 단맛을 내는 단호박은 단단한 껍질과 씨를 잘 제거하고 요리하세요. 단호박을 향긋한 쑥갓에 감싸 바삭바삭하게 튀기면 입맛을 확 돋우는 한 끼가 완성될 거예요. 봄에는 두릅, 여름에는 가지, 가을에는 우엉, 겨울에는 굴을 튀겨도 좋습니다.

재료

- 쌀 300㎖
- 채수 290㎖
- 단호박 ½개
- 양파 1개
- 쑥갓 1줌
- 영양부추 ⅓단
- 식용유 적당량

양념 재료

- 쯔유 2큰술
- 감자 전분 2큰술
- 폰즈소스 1큰술
- 소금 ½작은술

튀김 반죽 재료

- 감자전분 4큰술
- 얼음물 400㎖

소요 시간

- 재료 준비 10분
- 요리 시간 30분

① 쌀은 흐르는 물에 여러 번 씻은 후 체에 밭쳐 물기를 뺀 상태에서 20분간 불립니다.

② 단호박은 껍질을 벗기고 씨를 제거한 후 도톰하게 채 썰고, 양파도 채 썰어주세요.

tip. 손질해 슬라이스한 단호박을 구입하면 조리 과정이 훨씬 쉬워집니다.

③ 쑥갓은 억센 밑동을 잘라내고 7㎝ 길이로 썰어요.

④ 영양부추는 2㎝ 길이로 총총 썰어 준비합니다.

⑤ 유리 볼에 단호박, 쑥갓, 감자 전분 2큰술, 소금 ½작은술을 넣어 얇게 골고루 무칩니다.

⑥ 다른 유리 볼에는 감자 전분 4큰술, 얼음물 400㎖를 젓가락으로 빠르게 섞어 튀김 반죽을 만들어요.

tip. 반죽은 우유색에 젓가락으로 들었을 때 살짝 걸쭉하며 흐르는 정도여야 합니다.

⑦ (5)를 (6)에 담가 튀김옷을 입힙니다.

⑧ 튀김용 냄비에 식용유를 넉넉히 붓고 강한 불에서 끓이다 반죽을 약간 넣어 포르르 끓어오르면 단호박과 쑥갓을 넣어 튀겨요.

⑨ 노릇노릇 바삭하게 튀긴 후 채반에 올려 기름을 뺍니다.

⑩ 솥에 불린 쌀과 채수를 붓고 쯔유 2큰술로 간한 후 뚜껑을 연 상태에서 중강불로 5분간 끓입니다.

⑪ 바글바글 끓어오르면 주걱으로 2~3번 저은 후 솥밥 길이 생겼을 때 윗면을 정리하고 약한 불로 줄입니다.

⑫ 쌀 위에 양파를 펼쳐 올리고 뚜껑을 닫아 제일 약한 불에서 10분간 끓입니다.

⑬ 불에서 내려 15분간 뜸 들입니다.

⑭ 뚜껑을 열어 단호박쑥갓튀김을 가득 올리고 그 위에 썰어놓은 영양부추, 폰즈소스 1큰술을 뿌려 냅니다.

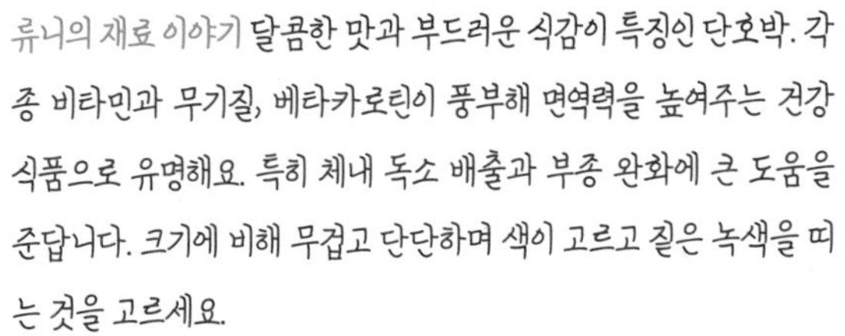

류니의 재료 이야기 달콤한 맛과 부드러운 식감이 특징인 단호박. 각종 비타민과 무기질, 베타카로틴이 풍부해 면역력을 높여주는 건강식품으로 유명해요. 특히 체내 독소 배출과 부종 완화에 큰 도움을 준답니다. 크기에 비해 무겁고 단단하며 색이 고르고 짙은 녹색을 띠는 것을 고르세요.

# 옥수수카레솥밥

더운 여름에는 달큰하고 수분감 많은 초당옥수수를, 날이 선선해지는 가을에는 쫀득한 찰옥수수를 활용해 밥을 지어보세요. 옥수숫대는 버리지 말고 쌀 위에 올려 함께 밥을 하면 옥수수의 풍미를 고스란히 느낄 수 있습니다. 철이 지났을 땐 간편하게 캔 옥수수로 대체해도 괜찮아요.

재료

- 쌀 300㎖
- 채수 300㎖
- 옥수수 1대
- 카레가루 1큰술
- 마늘 5~6톨
- 양파 1개
- 당근 1개
- 쪽파 ⅓단

양념 재료

- 쯔유 1큰술
- 비건 버터 1큰술
- 맛술 1큰술
- 올리브 오일 1큰술
- 소금 약간

소요 시간

- 재료 준비 10분
- 요리 시간 30분

① 쌀은 흐르는 물에 여러 번 씻은 후 체에 밭쳐 물기를 뺀 상태에서 20분간 불립니다.

② 옥수수는 세로로 세워 자르며 옥수수 알갱이를 분리하세요.
tip. 옥수숫대는 버리지 말고 쌀 위에 올려 밥을 지으면 더 맛있어요.

③ 양파는 한입 크기로 썰고, 당근은 작게 깍둑 썰고, 마늘은 굵게 다져요.

④ 쪽파를 얇게 총총 썰어 준비합니다.

⑤ 달군 팬에 버터 1큰술을 넣고 중간 불에서 마늘, 양파, 당근을 넣고 소금 약간으로 간한 후 노릇하게 볶아요.

⑥ 솥에 불린 쌀과 채수를 붓고 카레가루 1큰술을 넣어 골고루 섞어요.
tip. 진한 카레맛을 원한다면 카레가루를 추가해주세요.

⑦ 쯔유 1큰술, 맛술 1큰술, 소금 약간으로 간한 후 뚜껑을 연 상태에서 중강불로 5분간 끓입니다.

⑧ 바글바글 끓어오르면 (5)를 추가해 주걱으로 2~3번 저은 후 솥밥 길이 생겼을 때 윗면을 정리하고 약한 불로 줄입니다.

⑨ 쌀 위에 옥수수 알갱이와 옥수숫대를 올리고 뚜껑을 닫아 제일 약한 불에서 10분간 끓입니다.

⑩ 불에서 내려 15분간 뜸 들입니다.

⑪ 뚜껑을 열고 향긋한 올리브 오일 1큰술을 뿌린 후 썰어놓은 쪽파를 듬뿍 뿌려 냅니다.

류니의 재료 이야기 옥수수가 가장 맛있는 시기는 6월에서 8월이에요. 비타민 B와 칼륨, 철분 등 무기질이 풍부하며 식이 섬유 덕분에 장내 환경 개선에 도움을 줍니다. 알맹이가 굵고 촘촘하면서 껍질이 선명한 녹색에 전체적으로 통통한 옥수수가 신선하답니다. 옥수수 수염이 오그라져 있고 흑갈색을 띠는 것이 잘 익은 거예요.

7

8

9

11

# 고구마청경채솥밥

삶거나 굽거나 튀겨 먹기 좋은 고구마. 맛있고 소화도 잘되어 모두가 즐기는 국민 간식이죠. 인기가 많은 식재료인 만큼 종류도 많습니다. 덕분에 밤고구마, 호박고구마, 꿀고구마 등 취향에 따라 골라 먹으면 됩니다. 개인적으로는 밤고구마를 넣어 밥을 짓는 걸 좋아해요. 포슬한 고구마와 고슬고슬한 솥밥이 참 잘 어울리더라고요. 취향에 따라 고구마 껍질을 벗기지 않아도 상관없어요.

재료

· 쌀 300㎖
· 채수 290㎖
· 고구마 2개
· 청경채 4개
· 마늘 3~4톨

양념 재료

· 쯔유 1큰술
· 검은깨 1큰술
· 올리브 오일 1큰술
· 식용유 2큰술
· 소금 약간

소요 시간

· 재료 준비 10분
· 요리 시간 30분

① 쌀은 흐르는 물에 여러 번 씻은 후 체에 밭쳐 물기를 뺀 상태에서 20분간 불립니다.
② 고구마는 도톰하게 슬라이스하고 찬물에 10분간 담가 전분을 빼요.
③ 청경채는 한입 크기로 사각 썰고 마늘은 굵게 다져요.
④ 달군 팬에 식용유 2큰술을 두르고 고구마를 노릇하게 구워요. 이때 겉만 노릇하게 익히면 됩니다.
⑤ 솥에 올리브 오일 1큰술을 두르고 마늘을 볶다가 향이 올라오면 청경채를 넣어 볶은 후 소금 약간으로 간합니다.
⑥ 청경채가 노릇해지면 불린 쌀을 넣고 쯔유 1큰술, 소금 약간으로 간해 1분 더 볶다가 채수를 부어요.
⑦ 뚜껑을 연 상태에서 중강불로 5분간 끓입니다.
⑧ 바글바글 끓어오르면 주걱으로 2~3번 저은 후 솥밥 길이 생겼을 때 윗면을 정리하고 약한 불로 줄입니다.
⑨ 쌀 위에 (4)를 올리고 뚜껑을 닫아 제일 약한 불에서 10분간 끓입니다.
⑩ 불에서 내려 15분간 뜸 들입니다.
⑪ 뜸이 다 들었으면 뚜껑을 열고 검은깨 1큰술을 솔솔 뿌려 냅니다.
tip. 볶은 통깨로 대체해도 괜찮아요.

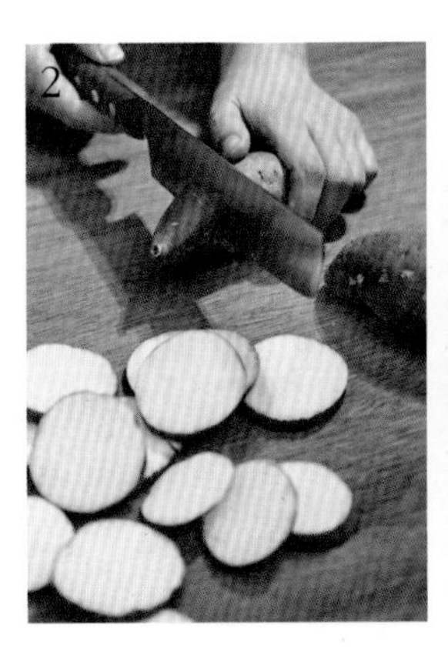

류니의 재료 이야기 고구마에는 탄수화물이 풍부하고 단백질, 지방, 식이 섬유, 비타민이 골고루 들어 있습니다. 감자에 비해 단맛이 강하지만 당 지수가 낮아 다이어트 식품으로 추천해요. 껍질의 일부가 검은 것은 쓴맛이 나고 잔뿌리가 많으면 질길 수 있으니 고를 때 참고하세요. 전분 함량이 낮은 호박고구마는 구워야 가장 맛있고, 전분이 많은 밤고구마는 찜통에 쪄야 고유의 맛을 온전히 발휘할 수 있어요.

9

11

# 낫토양상추솥밥

낫토는 특유의 향과 끈적이는 질감 때문에 처음엔 살짝 망설여지는데 한번 빠지면 매일 찾을 만큼 매력적인 식재료예요. 따끈한 밥 위에 곁들여도 맛있지만 뜸을 들일 때 쌀 위에 올려 밥을 지어보는 건 어때요? 낫토의 은은한 쿰쿰함이 쌀알에 녹아들어 건강한 별미를 즐길 수 있어요. 샐러드, 소바, 달걀말이 등에 활용해도 근사한 요리가 완성돼요.

재료

- 쌀 300㎖
- 채수 290㎖
- 낫토 2팩
- 양상추 ½개
- 통단무지 5㎝

양념 재료

- 다진 마늘 ½큰술
- 참기름 1큰술 + 약간
- 쯔유 2큰술
- 맛술 1큰술
- 통깨 1큰술
- 소금 약간

소요 시간

- 재료 준비 10분
- 요리 시간 30분

① 쌀은 흐르는 물에 여러 번 씻은 후 체에 받쳐 물기를 뺀 상태에서 20분간 불립니다.

② 낫토는 동봉된 양념을 넣고 젓가락으로 잘 비벼주세요. 오래 비빌수록 끈적해질 거예요.

③ 단무지를 물에 가볍게 헹궈서 물기를 빼고 잘게 총총 썰어놔요.

④ 양상추 밑동을 자르고 두툼하게 채 썰어요.

⑤ 유리 볼에 ⑷를 넣고 참기름 1큰술, 다진 마늘 ½큰술, 쯔유 1큰술, 소금 약간으로 간합니다.

⑥ 솥에 불린 쌀과 채수를 붓고 쯔유 1큰술, 맛술 1큰술로 간하고 뚜껑을 연 상태에서 중강불로 5분간 끓입니다.

⑦ 바글바글 끓어오르면 주걱으로 2~3번 저은 후 솥밥 길이 생겼을 때 윗면을 정리하고 약한 불로 줄입니다.

⑧ 쌀 위에 ⑸를 깔고 그 위에 낫토를 봉긋하게 올린 후 뚜껑을 닫아 제일 약한 불에서 10분간 끓입니다.

⑨ 불에서 내려 15분간 뜸 들입니다.

⑩ 총총 썬 단무지를 올리고 참기름 약간, 통깨 1큰술을 둘러 냅니다.

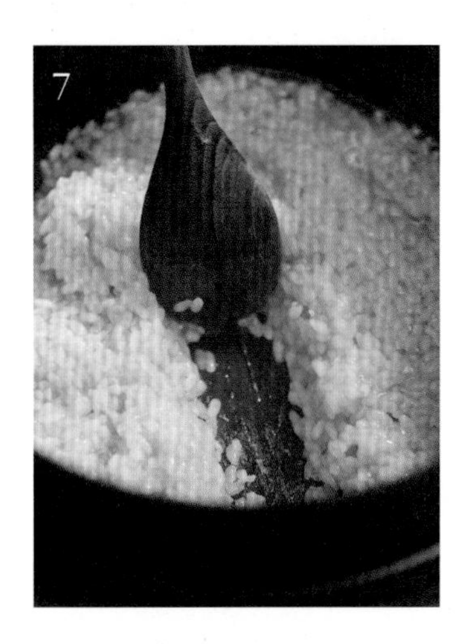

류니의 재료 이야기

낫토는 우리나라 청국장과 비슷한 일본 전통 콩 발효 식품으로 삶은 대두콩을 발효 숙성해 만든다고 해요. 끈끈한 점액질에 혈관 속 노폐물을 녹이는 성분이 들어 있어 콜레스테롤과 혈압 수치를 떨어뜨리는 데 효과적입니다. 낫토에 함유된 이소플라본이 에스트로겐 감소로 인한 갱년기 증상을 완화해주고요. 요즘은 국내산 대두 100%로 만든 낫토를 쉽게 구입할 수 있답니다.

# 콩나물묵은지솥밥

시원하고 얼큰한 콩나물과 묵은지의 익숙한 조합을 국이나 찌개 말고 솥밥으로 응용했어요. 묵은지는 집집마다 맛이 다르니 너무 시면 설탕을 추가하고, 매콤한 걸 원한다면 고춧가루를 ½큰술 정도 넣는 걸 추천할게요.

재료

- 쌀 300㎖
- 채수 250㎖
- 콩나물 200g
- 묵은지 2줌
- 느타리버섯 ½팩
- 쪽파 ⅓단

양념 재료

- 미소 된장 ½큰술
- 설탕 ½작은술
- 맛술 1큰술
- 들기름 3큰술
- 쯔유 2큰술

소요 시간

- 재료 준비 10분
- 요리 시간 30분

① 쌀은 흐르는 물에 여러 번 씻은 후 체에 밭쳐 물기를 뺀 상태에서 20분간 불립니다.

② 콩나물은 지저분한 뿌리를 제거해 준비합니다.

③ 묵은지는 흐르는 물에 깨끗이 씻어 물기를 꼭 짜서 총총 썰고 쪽파와 느타리버섯도 총총 썰어 준비합니다.

④ 채수에 미소 된장 ½큰술을 풀어둡니다.

⑤ 솥에 들기름 2큰술을 두르고, 묵은지를 중간 불에서 볶아주세요.

⑥ (5)에 맛술 1큰술, 쯔유 1큰술, 설탕 ½작은술로 간합니다. 설탕은 묵은지의 맛에 따라 취향껏 가감해주세요.
tip. 묵은지가 타지 않게 유의합니다.

⑦ 묵은지의 겉이 노릇해지면 느타리버섯과 불린 쌀을 넣고 1분 더 볶아요.

⑧ (4)의 채수를 붓고 쯔유 1큰술로 간하고 뚜껑을 연 상태에서 중강불로 5분간 끓입니다.

⑨ 바글바글 끓어오르면 주걱으로 2~3번 저은 후 솥밥 길이 생겼을 때 윗면을 정리하고 약한 불로 줄입니다.

⑩ 쌀 위에 콩나물을 올리고 뚜껑을 닫아 제일 약한 불에서 10분간 끓입니다.
tip. 콩나물을 넣고 중간에 뚜껑을 열면 비린 맛이 날 수도 있으니 조심하세요.

⑪ 불에서 내려 15분간 뜸 들인 후 들기름 1큰술을 두르고 썰어놓은 썬 쪽파를 뿌려 냅니다.

류니의 재료 이야기 콩나물은 무침, 찜, 국 등 활용도 높고 아삭한 식감이 별미인 식재료예요. 특히 해독 작용이 뛰어나 술 마신 다음 날엔 콩나물을 찾게 되죠. 콩나물은 나트륨을 배출해 고혈압을 예방하기까지 한답니다. 식이 섬유가 풍부해 포만감을 주기에 다이어트에도 도움을 주죠. 오래 조리하는 것보다 살짝 데쳐 먹는 걸 추천합니다.

10

# 유부섬초솥밥

씹을수록 고소하고 쫄깃한 유부에 해풍을 맞고 자란 섬초를 곁들여봤어요. 시금치의 일종인 섬초는 10월 말부터 3월까지 추운 겨울이 제철인데, 일반 시금치에 비해 길이는 짧고 단맛이 훨씬 진하답니다. 미소 된장 국물을 활용하면 더 구수한 솥밥을 완성할 수 있을 거예요.

재료

- 쌀 300㎖
- 채수 270㎖
- 유부 1줌
- 섬초 2~3줌
- 알배추 ¼개
- 굵은소금 1큰술

양념 재료

- 쯔유 1큰술
- 통들깨 1큰술
- 들기름 2큰술
- 미소 된장 ⅔큰술
- 진간장 ⅓큰술

소요 시간

- 재료 준비 10분
- 요리 시간 30분

① 쌀은 흐르는 물에 여러 번 씻은 후 체에 밭쳐 물기를 뺀 상태에서 20분간 불립니다.

② 유부는 끓는 물에 살짝 데친 후 채 썰고 알배추도 유부와 비슷한 크기로 채 썰어요.

③ 섬초는 밑동을 자르고 한 잎씩 떼서 준비합니다.

④ 채수에 미소 된장 ⅓큰술을 풀어둡니다.

⑤ 유부 데친 물에 굵은소금 1큰술을 넣고 섬초를 20초만 넣었다가 꺼낸 후 찬물에 씻어 물기를 짜주세요.

⑥ (5)에 들기름 1큰술, 통들깨 ½큰술, 미소 된장 ⅓큰술, 진간장 ⅓큰술로 간합니다.

⑦ 솥에 유부와 알배추를 넣고 쯔유 1큰술로 간해 약한 불에서 1분간 볶아요.

⑧ (7)에 불린 쌀을 넣고 1분 더 볶다가 (4)의 채수를 붓고 뚜껑을 연 상태에서 중강불로 5분간 끓입니다.

⑨ 바글바글 끓어오르면 주걱으로 2~3번 저은 후 솥밥 길이 생겼을 때 윗면을 정리하고 약한 불로 줄입니다.

⑩ 쌀 위에 (6)을 봉긋하게 올리고 뚜껑을 닫아 제일 약한 불에서 10분간 끓입니다.

⑪ 불에서 내려 15분간 뜸 들인 후 들기름 1큰술, 통들깨 ½큰술을 뿌려 냅니다.

류니의 재료 이야기 두부를 기름에 튀겨 만든 유부는 우동, 어묵탕, 된장국 등 각종 요리에 토핑으로 활용하기 좋아요. 단백질, 칼슘, 철분 함유량이 높아 어린이 성장 발육에 효과적이며, 뼈 건강을 지키는 데도 도움이 된다고 해요. 뜨거운 물에 살짝 데쳐 기름기를 빼면 좀 더 깔끔하게 먹을 수 있답니다.

7
8
9

10

# 숙주마늘종솥밥

매콤한 마늘종을 총총 썰어 들기름에 볶아 감칠맛을 살려 밥을 짓습니다. 숙주는 따로 데치지 않고 생으로 양념해 뜸을 들일 때 얹어야 아삭한 식감을 살릴 수 있어요. 숙주에서 채수가 나오는 것을 생각해 밥물을 조금 덜 잡아주어야 한다는 걸 기억하세요.

재료

- 쌀 300㎖
- 채수 280㎖
- 숙주 150g
- 마늘종 2~3대
- 방울양배추 6~7개

양념 재료

- 쯔유 2큰술
- 들기름 2큰술
- 비건 버터 1큰술
- 통들깨 1큰술
- 소금 약간

소요 시간

- 재료 준비 10분
- 요리 시간 30분

① 쌀은 흐르는 물에 여러 번 씻은 후 체에 밭쳐 물기를 뺀 상태에서 20분간 불립니다.

② 마늘종은 총총 썰고, 숙주는 지저분한 뿌리를 제거해주세요.

③ 방울양배추는 2등분해서 달군 팬에 버터 1큰술을 넣고 겉만 노릇하게 구운 후 소금 약간으로 간합니다.

④ 솥에 들기름 1큰술을 두르고 총총 썬 마늘종을 넣고 중간 불에서 볶아요.

⑤ 마늘종이 노릇해지면 불린 쌀을 넣고 1분 더 볶다가 쯔유 1큰술, 채수를 붓고 뚜껑을 연 상태에서 중강불로 5분간 끓입니다.

⑥ 바글바글 끓어오르면 주걱으로 2~3번 저은 후 솥밥 길이 생겼을 때 윗면을 정리하고 약한 불로 줄입니다.

⑦ 쌀 위에 구운 방울양배추를 올리고 뚜껑을 닫아 제일 약한 불에서 10분간 끓입니다.

⑧ 그동안 유리 볼에 숙주, 소금 약간, 들기름 1큰술, 쯔유 1큰술을 넣어 골고루 무쳐 준비합니다.

⑨ 불에서 내려 뚜껑을 열고 ⑻을 올린 후 다시 뚜껑을 닫고 15분간 뜸 들입니다.

⑩ 마지막으로 통들깨 1큰술을 뿌리고 재료를 잘 섞어 냅니다.

3

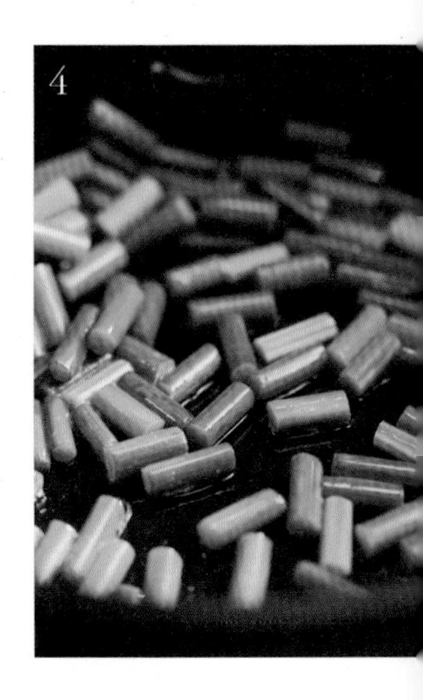
4

5

6

7

9

10

유나의 재료 이야기 녹두의 싹 숙주는 콩나물과 비슷하게 생겼지만 맛은 조금 달라요. 줄기가 굵고 흰색 광택을 띠며 뿌리가 투명한 것을 고르세요. 물에 담가 냉장 보관하면 싱싱한 상태를 유지할 수 있습니다. 숙주는 100g당 12kcal로 열량이 낮으며 비타민과 칼슘을 함유해 눈과 뼈 건강에 도움을 주는 것으로 알려져 있어요.

# 햇생강솥밥

10~11월 늦가을에 수확하는 햇생강은 특히 맛이 뛰어납니다. 그맘때쯤 신선한 햇생강을 얇게 채 썰어 쌀 위에 올려 밥을 지으면 훨씬 고급스러운 느낌이 들더라고요. 향긋한 생강 향을 온전히 느끼고 싶은 마음에 소금으로만 살짝 간을 했어요. 묵은 생강은 20분 정도 물에 불려 껍질을 제거해야 하지만, 햇생강은 불리지 않고 수저나 칼등으로 쉽게 껍질을 벗길 수 있습니다.

재료

- 쌀 300㎖
- 채수 290㎖
- 햇생강 1~2뿌리
- 새송이버섯 3개

양념 재료

- 들기름 2큰술
- 검은깨 1큰술
- 소금 ¼작은술

소요 시간

- 재료 준비 10분
- 요리 시간 30분

① 쌀은 흐르는 물에 여러 번 씻은 후 체에 밭쳐 물기를 뺀 상태에서 20분간 불립니다.

② 햇생강의 껍질을 수저나 칼등으로 벗겨요.

tip. 햇생강이면 껍질째 사용해도 좋아요. 생강에는 녹말이 있으니 한번 헹궈 사용하세요.

③ (2)를 최대한 얇게 채 썰어 물에 한번 헹궈 건져요.

④ 새송이버섯도 생강과 비슷한 크기로 채 썰어요.

⑤ 솥에 들기름 1큰술을 두르고 중간 불에서 생강의 절반을 볶아요.

⑥ 생강의 겉이 노릇해지면 새송이버섯의 절반을 넣고 함께 1분 더 볶아요.

⑦ 불린 쌀을 붓고 1분 더 볶다가 채수를 붓고 소금 ¼작은술로 쌀에 간을 합니다.

⑧ 뚜껑을 연 상태에서 중강불로 5분간 끓입니다.

⑨ 바글바글 끓어오르면 주걱으로 2~3번 저은 후 솥밥 길이 생겼을 때 윗면을 정리하고 약한 불로 줄입니다.

⑩ 쌀 위에 남은 생강과 새송이버섯을 깔고 뚜껑을 닫아 제일 약한 불에서 10분간 끓입니다.

⑪ 불에서 내려 15분간 뜸 들인 후 들기름 1큰술과 검은깨 1큰술을 뿌려 냅니다.

tip. 취향에 따라 상큼한 유자청 양념장(P. 028)이나 고소한 들깨가루 양념장(P. 029)을 곁들여보세요.

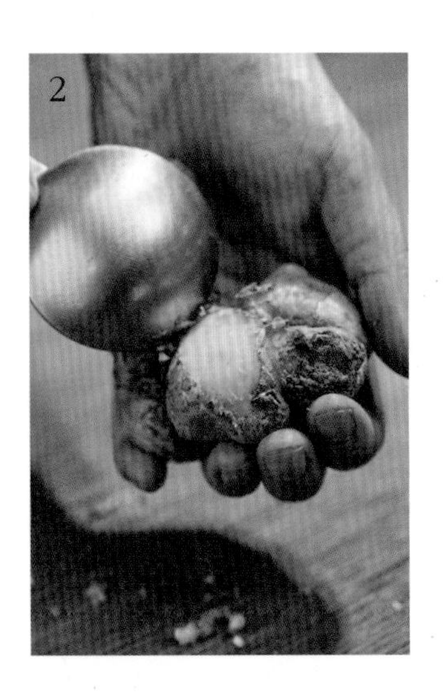
2

3

6

7

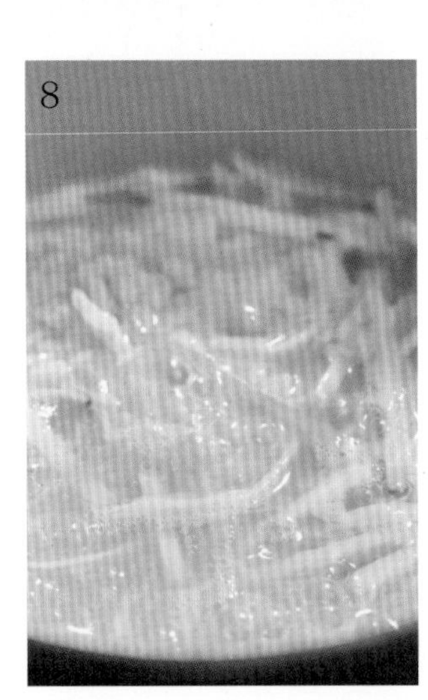
8

9

류니의 재료 이야기 특유의 알싸한 맛과 향으로 각종 양념과 소스에 다양하게 활용되는 생강. 혈액순환을 도와 몸을 따뜻하게 해주고 살균 효과와 항염 효과를 발휘합니다. 한 덩어리에 여러 조각이 붙어 있고 매운 향기가 강한 것을 고르세요. 썩은 부분이 있거나 곰팡이가 피었으면 전체적으로 독소가 퍼지기 때문에 바로 버려야 합니다.

# 돼지호박양배추솥밥

한식과 양식에 두루두루 잘 어울리는 돼지호박. 속을 파서 갖은 재료를 얹어 오븐에 굽거나 깍둑 썰어 크림소스 스튜를 만들기도 해요. 이번엔 그릴 팬에 노릇하게 구워 활용해볼게요. 양배추를 얇게 채 썰어 아삭아삭 재밌는 식감도 더해주기로 해요. 이때 양배추 전용 채칼을 활용하면 훨씬 편할 거예요.

재료

- 쌀 300㎖
- 채수 280㎖
- 돼지호박 ½개
- 양배추 ¼개
- 생강 ¼톨
- 마늘 3톨

양념 재료

- 쯔유 2큰술
- 올리브 오일 3큰술
- 파프리카 파우더 약간
- 소금 약간

소요 시간

- 재료 준비 10분
- 요리 시간 30분

① 쌀은 흐르는 물에 여러 번 씻은 후 체에 밭쳐 물기를 뺀 상태에서 20분간 불립니다.

② 생강과 마늘을 잘게 다져주세요.

③ 돼지호박은 동그란 단면으로 두툼하게 썰고 양배추는 최대한 얇게 채 썰어주세요.

④ 그릴 팬에 올리브 오일 2큰술을 두르고 돼지호박의 겉을 그릴 자국이 생기도록 노릇하게 구운 후 소금 약간으로 간합니다.

⑤ 솥에 올리브 오일 1큰술을 두르고 (2)를 중간 불에서 볶아요. 향긋한 생강 향이 올라오면 불린 쌀을 붓고 1분 더 볶아요.

⑥ (5)에 쯔유 2큰술과 채수를 붓고 뚜껑을 연 상태에서 중강불로 5분간 끓입니다.

⑦ 바글바글 끓어오르면 주걱으로 2~3번 저은 후 솥밥 길이 생겼을 때 윗면을 정리하고 약한 불로 줄입니다.

⑧ 쌀 위에 채 썬 양배추를 이불처럼 깔고 소금 약간을 뿌린 후 양배추 위에 구운 호박을 가지런히 올리고 뚜껑을 닫아요.

⑨ 제일 약한 불에서 10분간 끓입니다.

⑩ 불에서 내려 15분간 뜸 들인 후 파프리카 파우더를 살짝 뿌려 냅니다.

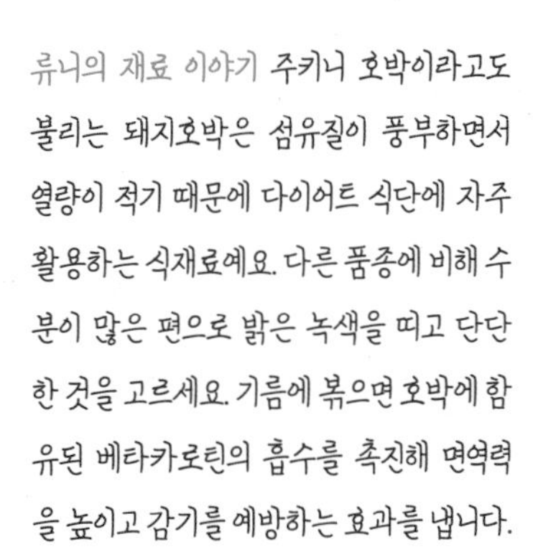

류니의 재료 이야기 주키니 호박이라고도 불리는 돼지호박은 섬유질이 풍부하면서 열량이 적기 때문에 다이어트 식단에 자주 활용하는 식재료예요. 다른 품종에 비해 수분이 많은 편으로 밝은 녹색을 띠고 단단한 것을 고르세요. 기름에 볶으면 호박에 함유된 베타카로틴의 흡수를 촉진해 면역력을 높이고 감기를 예방하는 효과를 냅니다.

6

7

8

10

# 미니당근아스파라거스솥밥

화사한 색감과 앙증맞은 모습이 귀여운 미니 당근에 화이트 발사믹, 디종 머스터드로 만든 상큼한 소스를 곁들이면 향긋한 단맛이 배가돼요. 미니 당근을 구하기 힘들다면 보통 사이즈의 당근을 작게 썰어 요리해도 괜찮아요. 대신 미니 당근보다 식감이 조금 더 단단할 거예요.

재료

· 쌀 300㎖
· 채수 300㎖
· 미니 당근 5~6개
· 아스파라거스 4~5대
· 생타임 약간
· 생파슬리 약간

양념 재료

· 화이트 발사믹 1큰술
· 디종 머스터드 1큰술
· 올리고당 1큰술
· 쯔유 1큰술
· 맛술 1큰술
· 올리브 오일 2큰술
· 소금 약간

소요 시간

· 재료 준비 10분
· 요리 시간 30분

① 쌀은 흐르는 물에 여러 번 씻은 후 체에 밭쳐 물기를 뺀 상태에서 20분간 불립니다.

② 아스파라거스는 딱딱한 밑동을 자르고 5㎝로 어슷 썰고, 미니 당근은 세로로 4등분해 비슷한 크기로 어슷 썰어요.

③ 생파슬리는 총총 썰어 준비합니다.

④ 유리 볼에 화이트 발사믹 1큰술, 디종 머스터드 1큰술, 올리고당 1큰술을 섞어 양념을 만들어요.

⑤ 달군 팬에 올리브 오일 2큰술을 두른 후 중강불에서 당근과 아스파라거스를 지지듯이 구운 다음 소금 약간과 타임을 넣어 향을 더합니다.

⑥ 겉이 노릇해지면 (4)를 넣고 양념이 코팅되게 1분 더 볶아줍니다. 타임은 다시 꺼내 제거해주세요.

tip. 생타임 대신 로즈메리나 건타임가루를 사용해도 괜찮아요.

⑦ 솥에 불린 쌀과 채수를 붓고 쯔유 1큰술, 맛술 1큰술, 소금 약간으로 간하고 뚜껑을 연 상태에서 중강불로 5분간 끓입니다.

⑧ 바글바글 끓어오르면 주걱으로 2~3번 저은 후 솥밥 길이 생겼을 때 윗면을 정리하고 약한 불로 줄입니다.

⑨ 쌀 위에 (6)을 올리고 뚜껑을 닫아 제일 약한 불에서 10분간 끓입니다.

⑩ 불에서 내려 15분간 뜸 들입니다.

⑪ 뜸이 다 들었으면 뚜껑을 열어 파슬리를 예쁘게 올려 냅니다.

2
4
5
6
7
9
11

류니의 재료 이야기 당근은 특히 베타카로틴 함량이 풍부합니다. 체내에 흡수되며 비타민 A로 전환되어 눈 건강에 도움을 주고 항산화 작용까지 한다고 해요. 주황색이 선명하고 표면이 매끈한 것이 맛도 더 좋답니다. 생으로 먹는 것보다는 기름에 조리해야 흡수율이 60~70% 높아져요.

purple

# PART 03. 퍼플

보라색 영양소 '안토시아닌'은 몸의 활성산소를 억제하고 혈관 속 피를 맑게 해줍니다. 각종 성인병과 암을 예방하기 위해선 꾸준히 섭취해야 해요.

---

가지셀러리솥밥
고사리감태솥밥
블랙올리브솥밥
목이버섯죽순솥밥
톳두부솥밥
말린나물솥밥
김꽈리고추솥밥
검은깨뿌리채소솥밥
미역들깨솥밥
통들깨참송이버섯솥밥

# 가지셀러리솥밥

아무래도 제철 채소가 맛도 좋고 영양가도 높겠죠? 가지는 특히 여름에 가장 부드럽고 수분이 많아요. 큼직하게 어슷 썰어 감자 전분을 무쳐서 겉은 바삭하게 속은 부드럽게 익힐게요. 셀러리는 잊지 말고 꼭 넣어주세요. 셀러리의 산뜻한 감칠맛이 솥밥에 고급스러운 풍미를 더해주기 때문이에요.

재료
- 쌀 300㎖
- 채수 300㎖
- 가지 2~3개
- 셀러리 1대
- 마늘 6~7톨
- 쪽파 ⅓단

양념 재료
- 화이트 발사믹 1큰술
- 진간장 1큰술
- 설탕 1큰술
- 식용유 3큰술
- 감자 전분 2큰술
- 비건 버터 1큰술
- 쯔유 1큰술
- 맛술 1큰술
- 통후추 약간

소요 시간
- 재료 준비 10분
- 요리 시간 30분

① 쌀은 흐르는 물에 여러 번 씻은 후 체에 밭쳐 물기를 뺀 상태에서 20분간 불립니다.

② 가지는 큼직하게 지그재그로 어슷 썰어 준비합니다.

③ 쪽파는 얇게 총총 썰고, 셀러리는 5㎜ 두께로 어슷 썰고, 마늘은 도톰하게 편 썰어요.

④ 유리 볼에 설탕 1큰술, 진간장 1큰술, 화이트 발사믹 1큰술을 잘 섞어서 준비해요.

⑤ (2)에 감자 전분 2큰술을 골고루 무쳐서 식용유 2큰술을 두른 팬에 넣고 중간 불에서 노릇하게 지진 다음 접시에 담아놔요.

⑥ 깨끗한 팬에 식용유 1큰술을 두르고 마늘을 넣어 마늘 기름을 내요.

⑦ 마늘 향이 올라오면 셀러리를 넣고 함께 볶습니다.

⑧ 셀러리가 노릇해지면 지져둔 가지를 넣고 (4)를 부은 후 잘 섞으며 중간 불에서 1분 더 볶은 다음 소스가 잘 배어들었으면 접시에 담아놔요.
tip. 이때 가지가 뭉그러지지 않게 조심하세요.

⑨ 솥에 불린 쌀과 채수를 붓고 쯔유 1큰술, 맛술 1큰술, 버터 1큰술로 간합니다.

⑩ 뚜껑을 연 상태에서 중강불로 5분간 끓입니다.

⑪ 바글바글 끓어오르면 주걱으로 2~3번 저은 후 솥밥 길이 생겼을 때 윗면을 정리하고 약한 불로 줄입니다.

⑫ 쌀 위에 (8)을 올리고 뚜껑을 닫아 약한 불에서 10분간 끓입니다.

⑬ 불에서 내려 15분간 뜸 들입니다.

⑭ 뚜껑을 열고 통후추를 갈아 올린 후 썰어놓은 쪽파를 뿌려 냅니다.

류니의 재료 이야기 가지는 꼭지만 제거해 껍질째 먹는 채소로 6월에서 8월 사이가 가장 맛있는 시기예요. 생김새와 색이 다양하지만 우리나라에서는 주로 기다란 보라색 가지를 재배합니다. 다량 함유된 수분과 칼륨이 이뇨 작용을 촉진해 노폐물 배출을 도와주기도 해요.

9

14

# 고사리감태솥밥

제주도가 고향인 저에게 고사리는 어릴 때부터 익숙한 식재료랍니다. 봄이면 연한 고사리 순을 따러 한라산을 오르시던 어머니의 모습이 기억나네요. 고소하고 담백한 고사리 나물에 향긋한 바다 맛 감태를 더했어요. 손질해서 데친 고사리를 구입하면 요리 과정이 간단해집니다.

재료

· 쌀 300㎖
· 채수 290㎖
· 손질해 데친 고사리 200g
· 감태 3장

양념 재료

· 다진 대파 2큰술
· 쯔유 1큰술
· 맛술 1큰술
· 식용유 1큰술
· 들기름 2큰술
· 통깨 1큰술
· 채수 50㎖

고사리 밑간

· 진간장 2큰술
· 맛술 1큰술
· 다진 마늘 1큰술
· 후춧가루 약간

소요 시간

· 재료 준비 10분
· 요리 시간 30분

① 쌀은 흐르는 물에 여러 번 씻은 후 체에 밭쳐 물기를 뺀 상태에서 20분간 불립니다.
② 감태 2장은 물에 불려 준비하고 1장은 잘게 찢어주세요.
③ 데친 고사리는 먹기 좋게 잘라놔요.
④ (3)에 진간장 2큰술, 맛술 1큰술, 다진 마늘 1큰술, 후춧가루 약간으로 밑간을 하고 조물조물 무쳐요.
⑤ 달군 팬에 식용유 1큰술, 들기름 1큰술을 두르고 고사리를 2분 동안 달달 볶다가 다진 대파 2큰술, 채수 50㎖를 붓고 물기가 없어질 때까지 조려요.
⑥ 솥에 불린 쌀을 넣고 쯔유 1큰술, 맛술 1큰술로 간한 후 불린 감태의 물기를 짜서 넣어요. 이때 감태가 뭉치지 않게 잘 풀어줍니다.
⑦ 채수를 붓고 뚜껑을 연 상태에서 중강불로 5분간 끓입니다.
⑧ 바글바글 끓어오르면 주걱으로 2~3번 저은 후 솥밥 길이 생겼을 때 윗면을 정리하고 약한 불로 줄입니다.
⑨ 쌀 위에 (5)를 넓게 펼쳐 올리고 뚜껑을 닫아 약한 불에서 10분간 끓입니다.
⑩ 불에서 내려 15분간 뜸 들입니다.
⑪ 뚜껑을 열고 들기름 1큰술, 통깨 1큰술을 뿌리고 찢어놓은 감태를 소복이 올려 냅니다.

류니의 재료 이야기 산에서 나는 소고기로 불리는 고사리. 쫀득하게 씹히는 식감이 좋고 단백질과 칼슘이 풍부해 뼈 건강에 신경 써야 하는 어린이부터 중·장년층에도 좋아요. 고사리는 충분히 삶은 후 불을 끄고 그대로 30분간 뒀다가 찬물로 갈아 반나절 정도 오래 담가놔야 아리고 쓴맛은 물론 독성까지 뺄 수 있어요.

6

8

9

11

# 블랙올리브솥밥

씨를 제거해 병조림으로 판매하는 블랙 올리브를 추천할게요. 물이나 소금물에 잠시 담가두면 쓴맛이 사라지고 고유의 풍미가 살아난답니다. 진한 맛을 더해줄 트러플 페스토는 송로버섯 고유의 묵직하고 그윽한 풍미가 나는 것을 선택해주세요.

재료

- 쌀 300㎖
- 채수 290㎖
- 블랙 올리브 1줌
- 표고버섯 3~4개
- 마늘 5~6톨

양념 재료

- 트러플 페스토 1큰술
- 올리브 오일 2큰술
- 쯔유 1큰술
- 비건 버터 ½큰술

소요 시간

- 재료 준비 10분
- 요리 시간 30분

① 쌀은 흐르는 물에 여러 번 씻은 후 체에 밭쳐 물기를 뺀 상태에서 20분간 불립니다.

② 블랙 올리브를 체에 밭쳐 흐르는 물에 가볍게 씻고 물기를 닦은 후 절반은 다지고 절반은 두툼하게 슬라이스합니다.

tip. 씨 없는 블랙 올리브를 사용해야 합니다. 슬라이스해놓은 제품을 구입해도 좋아요.

③ 표고버섯과 마늘은 편 썰어 준비합니다.

tip. 건표고버섯을 사용할 경우, 불려서 사용하고 불린 물은 버리지 말고 밥물로 활용하세요.

④ 솥에 올리브 오일 1큰술을 두르고 중간 불에서 마늘을 볶아주세요.

⑤ 마늘 향이 올라오면 불린 쌀, 트러플 페스토 1큰술, 다진 올리브를 넣고 1분 더 볶아요.

⑥ 채수를 붓고 쯔유 1큰술, 버터 ½큰술로 간한 후 뚜껑을 연 상태에서 중강불로 5분간 끓입니다.

⑦ 바글바글 끓어오르면 주걱으로 2~3번 저은 후 솥밥 길이 생겼을 때 윗면을 정리하고 약한 불로 줄입니다.

⑧ 쌀 위에 표고버섯을 올리고 토핑으로 슬라이스한 블랙 올리브도 함께 올려요.

⑨ 뚜껑을 닫아 약한 불에서 10분간 끓입니다.

⑩ 불에서 내려 15분간 뜸 들입니다.

⑪ 뚜껑을 열어 향긋한 올리브 오일 1큰술을 뿌려 냅니다.

tip. 트러플 향을 더 느끼고 싶다면 마지막에 올리브 오일 대신 트러플 오일을 뿌려보세요.

류니의 재료 이야기 와인 안주부터 샐러드 토핑까지 다채롭게 활용할 수 있는 블랙 올리브. 어디에나 잘 어울리는 감칠맛을 지니고 있죠. 보통 병조림 형태로, 시중에는 스페인산과 이탈리아산이 많아요. 제철 신선한 올리브를 수확해 식염수에 담가 보존하는 방식이에요. 개봉 후에는 냉장실에서 보관합니다.

7

8

11

# 목이버섯죽순솥밥

무농약으로 재배한 친환경 생목이버섯을 추천할게요. 건목이버섯을 쓸 때는 미지근한 물에 불려 깨끗이 씻어 물기를 제거합니다. 불리고 나면 부피가 10배 가까이 늘어난다는 걸 잊지 마세요. 더 야들야들한 흰색 목이버섯을 활용해도 괜찮아요.

재료

- 쌀 300㎖
- 채수 290㎖
- 생목이버섯 100g
- 삶은 죽순(시판) 150g
- 양파 ½개
- 영양부추 ⅓단

양념 재료

- 다진 마늘 1큰술
- 진간장 1큰술
- 들기름 2큰술
- 쯔유 1큰술
- 비건 버터 1큰술
- 맛술 1큰술
- 통깨 1큰술

소요 시간

- 재료 준비 10분
- 요리 시간 30분

① 쌀은 흐르는 물에 여러 번 씻은 후 체에 밭쳐 물기를 뺀 상태에서 20분간 불립니다.

② 생목이버섯과 양파는 채 썰어 준비합니다.

③ 영양부추는 5㎝로 썰어주세요.

④ 깨끗하게 손질한 삶은 죽순을 끓는 물에 2~3분간 데쳐 얼음물로 씻어 준비합니다.

⑤ 물기를 제거한 죽순은 목이버섯 크기와 비슷하게 썰어요.

⑥ 팬에 들기름 2큰술을 두르고 중간 불에서 다진 마늘 1큰술을 넣고 마늘 기름을 내요.

⑦ 마늘 향이 올라오면 죽순과 목이버섯을 넣고 들기름이 잘 코팅되게 볶아요.

⑧ 맛술 1큰술, 진간장 1큰술로 간하고 야들거릴 때까지 볶아주세요. 이때 물기는 모두 날립니다.

⑨ 솥에 불린 쌀과 채수를 붓고 쯔유 1큰술, 버터 1큰술로 간합니다.

⑩ 뚜껑을 연 상태에서 중강불로 5분간 끓입니다.

⑪ 바글바글 끓어오르면 주걱으로 2~3번 저은 후 솥밥 길이 생겼을 때 윗면을 정리하고 약한 불로 줄입니다.

⑫ 쌀 위에 양파를 가지런히 올리고 그 위에 ⑻을 넓게 펼친 후 뚜껑을 닫아 약한 불에서 10분간 끓입니다.

⑬ 불에서 내려 썰어놓은 영양부추와 통깨 1큰술을 뿌려 냅니다.

류니의 재료 이야기

탱글탱글 꼬들꼬들 씹는 재미가 있는 목이버섯은 중화요리에서 많이 볼 수 있는 식재료죠. 흰색 목이버섯은 은이버섯이라고도 불리며, 좀 더 촉촉하고 젤리 같은 식감이에요. 볶음, 무침, 탕 등에 다양하게 활용하며 칼로리가 매우 낮고 식이 섬유와 비타민 D가 풍부하답니다.

# 톳두부솥밥

3월부터 5월까지 봄에 제철을 맞아 싱싱한 생톳을 준비해보세요. 밥물이 팔팔 끓기 시작할 때 쌀 위에 톳을 올리고 뚜껑을 닫아 익히면 돼요. 톳밥을 더욱 맛있게 먹으려면 매콤한 달래 양념장 혹은 쪽파 양념장을 곁들이세요.

재료

· 쌀 300㎖
· 채수 290㎖
· 데친 생톳 2줌
· 두부 ½모
· 표고버섯 4~5개

양념 재료

· 참기름 2큰술
· 쯔유 2큰술
· 맛술 1큰술
· 다진 대파 1큰술
· 다진 마늘 ½큰술
· 통들깨 1큰술
· 소금 ¼작은술

표고버섯 양념

· 매실액 1큰술
· 진간장 ½큰술
· 참기름 ½큰술

소요 시간

· 재료 준비 10분
· 요리 시간 30분

① 쌀은 흐르는 물에 여러 번 씻은 후 체에 밭쳐 물기를 뺀 상태에서 20분간 불립니다.

② 데친 톳을 흐르는 물에 씻어 한입 크기로 잘라요.

③ 표고버섯은 작게 깍둑썰기 해요.

④ 마른 팬에 (3)을 넣고 매실액 1큰술, 진간장 ½큰술, 참기름 ½큰술로 간해 물기가 없어질 때까지 볶아요.

⑤ 끓는 물에 두부를 30초간 데치고 체에 밭쳐 물기를 뺀 후 숟가락으로 으깬 다음 키친타월로 톡톡 두들겨 물기를 모두 제거해요.

⑥ 유리 볼에 톳과 두부를 넣고 다진 대파 1큰술, 다진 마늘 ½큰술, 참기름 1큰술, 쯔유 1큰술, 소금 ¼작은술, 통들깨 1큰술을 넣고 조물조물 무쳐요.
tip. 매콤한 걸 좋아한다면 홍고추를 얇게 어슷 썰어 넣어도 좋아요.

⑦ 솥에 불린 쌀과 채수를 붓고 쯔유 1큰술, 맛술 1큰술로 간한 후 (4)의 볶은 표고버섯도 넣어 줍니다.

⑧ 뚜껑을 연 상태에서 중강불로 5분간 끓입니다.

⑨ 바글바글 끓어오르면 주걱으로 2~3번 저은 후 솥밥 길이 생겼을 때 윗면을 정리하고 약한 불로 줄입니다.

⑩ 쌀 위에 (6)을 넓게 펼친 후 뚜껑을 닫아 약한 불에서 10분간 끓입니다.

⑪ 불에서 내려 15분간 뜸 들입니다.

⑫ 뚜껑을 열고 참기름 1큰술을 뿌리고 매콤한 달래 양념장(P. 028)과 함께 냅니다.

2

**류니의 재료 이야기** 오독오독한 식감이 좋은 톳은 칼슘, 마그네슘, 철분, 요오드 등 영양이 가득합니다. 몸속 나트륨을 배출하는 칼륨 또한 풍부해 고혈압 환자에게 도움을 준다고 하네요. 칼로리가 100g당 24kcal로 매우 낮아 다이어트 메뉴로도 활용할 수 있습니다. 마른 느낌이 나면 약간 질길 수 있으니 통통하고 싱싱한 것을 골라주세요.

4

5

6

8

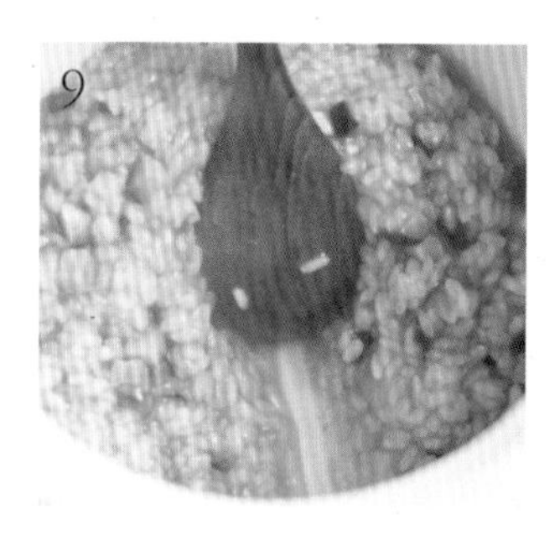
9

10

12

# 말린나물솥밥

말린 나물은 물에 뜨기 때문에 넓은 접시로 눌러 골고루 불려요. 불린 후에 흐르는 물에 가볍게 씻고 부드러워질 때까지 오래도록 뭉근히 삶아 요리하세요. 시간과 정성을 들인 만큼 영양 가득한 한 끼를 먹을 수 있답니다.

재료
- 쌀 300㎖
- 채수 290㎖
- 건가지 ½줌
- 건곤드레나물 1줌
- 건애호박 ½줌
- 자색 양파 ½개

양념 재료
- 들깨가루 2큰술
- 들기름 2큰술
- 진간장 1큰술
- 쯔유 1큰술
- 맛술 1큰술
- 소금 약간

소요 시간
- 재료 준비 10분
- 요리 시간 30분

① 쌀은 흐르는 물에 여러 번 씻은 후 체에 밭쳐 물기를 뺀 상태에서 20분간 불립니다.

② 말린 나물은 물에 불려 준비해주세요.
tip. 건곤드레나물은 전날 밤부터 불리고, 건애호박과 건가지는 1시간 정도 불려줍니다.

③ 자색 양파는 작게 깍둑썰기 해요.

④ 냄비에 불린 나물을 담고 나물이 잠길 정도까지 물을 부은 다음 중약불에서 뭉근히 끓이고 보글보글 끓기 시작하면 10분 더 끓인 후 건져서 체에 밭쳐요.

⑤ (4)를 흐르는 물에 헹구고 물기를 짠 다음 한입 크기로 잘라요.

⑥ (5)를 유리 볼에 담아 진간장 1큰술, 맛술 1큰술, 들기름 1큰술, 들깨가루 1큰술, 소금 약간으로 간해요.

⑦ 솥에 들기름 1큰술을 두르고 중간 불에서 자색 양파를 볶은 후 소금 약간으로 간합니다.

⑧ 양파가 투명해지면 (7)에 불린 쌀과 채수를 붓고 쯔유 1큰술로 간합니다.

⑨ 뚜껑을 연 상태에서 중강불로 5분간 끓입니다.

⑩ 바글바글 끓어오르면 주걱으로 2~3번 저은 후 솥밥 길이 생겼을 때 윗면을 정리하고 약한 불로 줄입니다.

⑪ 쌀 위에 (6)을 넓게 펼친 후 뚜껑을 닫아 약한 불에서 10분간 끓입니다.

⑫ 불에서 내려 15분간 뜸 들입니다.

⑬ 뜸이 다 들었으면 뚜껑을 열어 들깨가루 1큰술을 뿌려냅니다.

류니의 재료 이야기 건가지나 건애호박은 1시간 전후로 불리고, 만져봤을 때 말랑 촉촉한 상태가 되면 갖은 양념을 해 볶으면 돼요. 건곤드레는 하루 혹은 반나절 정도 깨끗한 물에 푹 퍼질 만큼 담가두는 게 좋아요. 말린 나물은 향이 진하고 꼬들꼬들한 식감이 매력적이에요.

6

13

# 김꽈리고추솥밥

꽈리고추의 알싸함을 구수한 김의 감칠맛으로 포근히 감싸주세요. 달큼한 간장 양념을 해 앞뒤로 뒤집어가며 노릇하게 구운 꽈리고추가 은근 별미더라고요. 쭈글쭈글한 모양의 꽈리고추는 너무 뭉그러지지 않을 정도로 적당히 야들하게 볶아요.

재료

- 쌀 300ml
- 채수 300ml
- 곱창김 2장
- 꽈리고추 1줌
- 느타리버섯 ½팩

양념 재료

- 참기름 2큰술
- 맛술 1큰술
- 쯔유 1큰술
- 통깨 1큰술
- 진간장 1큰술
- 매실액 1큰술
- 후춧가루 약간

소요 시간

- 재료 준비 10분
- 요리 시간 30분

① 쌀은 흐르는 물에 여러 번 씻은 후 체에 밭쳐 물기를 뺀 상태에서 20분간 불립니다.

② 곱창김은 한입 크기로 찢고, 꽈리고추는 꼭지를 따서 반으로 잘라 준비합니다.

③ 느타리버섯은 밑동을 자르고 총총 썰어요.

④ 달군 팬에 참기름 1큰술, 맛술 1큰술을 두르고 꽈리고추를 넣어 볶다가 겉이 노릇해지면 ⑶을 넣고 진간장 1큰술, 매실액 1큰술, 후춧가루 약간으로 간합니다. 이때 물기가 모두 날아갈 때까지 볶아요.

⑤ 솥에 불린 쌀과 채수를 붓고 쯔유 1큰술로 간한 후 뚜껑을 연 상태에서 중강불로 5분간 끓입니다.

⑥ 바글바글 끓어오르면 찢어놓은 곱창김을 넣어 주걱으로 2~3번 저은 후 솥밥 길이 생겼을 때 윗면을 정리하고 약한 불로 줄입니다.
tip. 김이 뭉치지 않게 잘 풀어주는 게 중요해요.

⑦ 쌀 위에 ⑷를 넓게 펼친 후 뚜껑을 닫아 약한 불에서 10분간 끓입니다.

⑧ 불에서 내려 15분간 뜸 들입니다.

⑨ 뚜껑을 열어 참기름 1큰술, 통깨 1큰술을 뿌려 냅니다.

류니의 재료 이야기 어떤 요리든 바다의 향긋함을 끌어올려주는 김. 파래김, 재래김, 곱창김 등 종류도 다양하죠. 기본적으로 검고 광택이 많이 날수록 품질이 높은 것이라고 합니다. 칼슘과 철분은 물론 다양한 미네랄과 무기질이 들어 있어 고혈압과 동맥경화 같은 혈관 질병을 예방하고 피부 미용을 증진하는 효과가 있어요.

6

9

# 검은깨뿌리채소솥밥

검은깨에 부족한 비타민과 무기질을 연근과 마가 보완해줍니다. 토핑으로 얹을 우엉튀김은 전분도 좋지만 찹쌀가루에 튀기면 더 쫀득하게 즐길 수 있어요. 아삭한 뿌리채소와 쫄깃한 버섯구이, 그리고 바삭바삭한 우엉튀김까지 더해져서 다채로운 식감이 재밌는 솥밥이에요.

재료

- 쌀 300㎖
- 채수 290㎖
- 검은깨 2큰술
- 연근 5㎝
- 마 5㎝
- 우엉 1대
- 쪽파 ⅓단
- 황금팽이버섯 ½팩
- 식용유 적당량

양념 재료

- 쯔유 2큰술
- 들기름 2큰술
- 감자 전분 2큰술
- 소금 약간

소요 시간

- 재료 준비 10분
- 요리 시간 30분

① 쌀은 흐르는 물에 여러 번 씻은 후 체에 밭쳐 물기를 뺀 상태에서 20분간 불립니다.
② 연근과 마는 껍질을 벗기고 각각 작게 깍둑 썰어 물에 담가놓으세요.
③ 우엉도 껍질을 벗기고 필러로 길게 포를 뜨듯 저며 물에 담가둡니다.
④ 쪽파는 얇게 총총 썰고 황금팽이버섯은 밑동을 제거하고 한입 크기로 찢어놔요.
⑤ 포를 뜬 우엉에 물기를 제거하고 감자 전분 2큰술, 소금 약간을 묻혀 동그랗고 납작하게 뭉쳐 모양을 잡아주세요.
⑥ 튀김용 냄비에 식용유를 넉넉하게 붓고 강한 불에서 끓이다가 ⑸를 넣고 바삭하게 튀긴 후 채반에 올려 기름을 뺍니다.
⑦ 달군 팬에 들기름 1큰술을 두르고 중간 불에서 황금팽이버섯을 양면으로 노릇하게 구우며 소금 약간으로 간하고 접시에 덜어둡니다.
⑧ 솥에 들기름 1큰술을 두르고 약한 불에서 마와 연근을 노릇하게 구워요.
⑨ 연근의 겉이 노릇해지면 불린 쌀과 채수를 붓고 소금 약간, 쯔유 2큰술로 간합니다.
⑩ 뚜껑을 연 상태에서 중강불로 5분간 끓입니다.
⑪ 바글바글 끓어오르면 주걱으로 2~3번 저은 후 솥밥 길이 생겼을 때 윗면을 정리하고 약한 불로 줄입니다.
⑫ 쌀 위에 구운 황금팽이버섯을 가지런히 올리고 뚜껑을 닫아 약한 불에서 10분간 끓입니다.
⑬ 불에서 내려 15분간 뜸 들입니다.
⑭ 뚜껑을 열어 우엉튀김을 올리고 검은깨 2큰술과 썰어놓은 쪽파를 뿌려 냅니다.

2

7

8

9

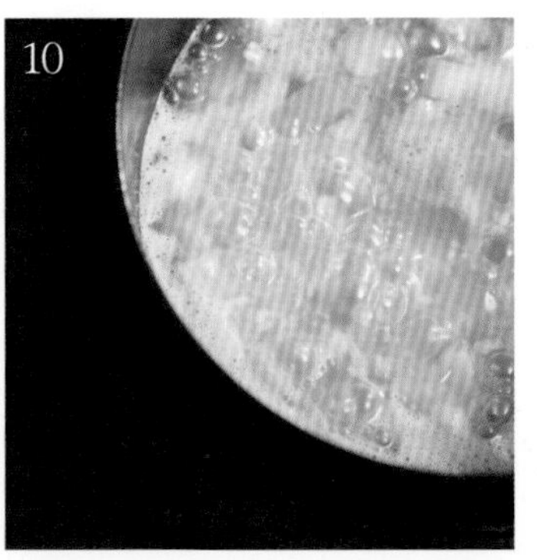
10

류니의 재료 이야기 검은깨는 크기가 고르고 윤기가 흐르는 것이 좋아요. 알맞은 온도에서 볶아낸 검은깨에는 구수한 풍미가 온전히 담겨 있어요. 감마 토코페롤이라는 성분이 항산화 작용을 해서 세포의 노화를 늦춰준답니다. 우유나 두유에 갈아 마시거나 요리 마무리에 솔솔 뿌리면 좋아요. 보관할 때는 반드시 밀봉해서 냉동실에 넣어주세요.

# 미역들깨솥밥

미역은 보통 소고기나 굴, 조개와 함께 국을 끓여 먹죠. 부드러운 미역 요리에 궁합 좋은 들깨가루를 듬뿍 뿌려보세요. 고소한 들깨 향이 솔솔 퍼지며 입맛을 당기는 별미가 완성될 거예요. 다양한 양념장을 함께 내서 맛에 변주를 주는 건 어때요?

재료

· 쌀 300㎖
· 채수 270㎖
· 자른 미역 ½줌
· 무 ¼개

양념 재료

· 들기름 2큰술
· 들깨가루 2큰술
· 다진 마늘 ½큰술
· 쯔유 2큰술

소요 시간

· 재료 준비 10분
· 요리 시간 30분

① 쌀은 흐르는 물에 여러 번 씻은 후 체에 밭쳐 물기를 뺀 상태에서 20분간 불립니다.

② 미역은 찬물에 불려 준비하고 무는 도톰하게 채 썰어주세요.

③ 솥에 들기름 2큰술을 두르고 무를 넣은 후 중간 불에서 볶아요.

④ 무의 겉면이 노릇해지면 다진 마늘 ½큰술, 물을 짠 미역, 쯔유 2큰술을 넣고 2분 더 볶아주세요.

⑤ (4)에 불린 쌀을 넣고 1분 더 볶다가 채수를 붓고 뚜껑을 연 상태에서 중강불로 5분간 끓입니다.

⑥ 바글바글 끓어오르면 주걱으로 2~3번 저은 후 솥밥 길이 생겼을 때 윗면을 정리하고 약한 불로 줄입니다.

⑦ 뚜껑을 닫아 약한 불에서 10분간 끓입니다.

⑧ 불에서 내려 15분간 뜸 들입니다.

⑨ 뚜껑을 열고 들깨가루 2큰술을 뿌려 냅니다.

tip. 칼칼한 쪽파 양념장(P. 028)을 곁들여도 좋아요.

류니의 재료 이야기 가장 흔하게 소비되는 해조류인 미역은 훌륭한 요오드 공급원이에요. 더불어 식이 섬유가 풍부한 저열량 저지방 식품으로 포만감을 주며, 장운동을 활발하게 합니다. 색이 짙고 탄력이 있으며 두꺼울수록 맛있어요.

# 통들깨참송이버섯솥밥

밥을 지을 때 통들깨를 듬뿍 넣으면 오독오독 식감이 재미있고 고소한 맛이 납니다. 그 위에 송이와 표고의 장점을 담은 참송이버섯을 곁들여보세요. 고기 솥밥 부럽지 않은 완벽한 채소 솥밥을 만들 수 있답니다. 참송이버섯 대신 질감이 단단한 송화고버섯, 새송이버섯도 잘 어울릴 거예요.

재료

· 쌀 300㎖
· 채수 290㎖
· 통들깨 2큰술
· 참송이버섯 120g
· 양파 ½개
· 무순 1줌

양념 재료

· 쯔유 2큰술
· 비건 버터 1큰술
· 소금 약간

소요 시간

· 재료 준비 10분
· 요리 시간 30분

① 쌀은 흐르는 물에 여러 번 씻은 후 체에 밭쳐 물기를 뺀 상태에서 20분간 불립니다.
② 참송이버섯은 결대로 두툼하게 찢어주세요.
③ 양파는 채 썰고 무순은 깨끗이 씻은 후 물기를 빼세요.
④ 마른 팬에 중간 불로 버섯의 절반을 노릇하게 구우며 소금 약간으로 간해요.
⑤ 솥에 버터 1큰술을 두르고 양파가 부드러워질 때까지 볶아주세요.
⑥ (5)에 남은 버섯과 통들깨 1큰술, 불린 쌀을 붓고 1분 더 볶다가 채수를 붓고 쯔유 2큰술로 간합니다.
⑦ 뚜껑을 연 상태에서 중강불로 5분간 끓입니다.
⑧ 바글바글 끓어오르면 주걱으로 2~3번 저은 후 솥밥 길이 생겼을 때 윗면을 정리하고 약한 불로 줄입니다.
⑨ (8)에 구운 버섯을 가지런히 올리고 뚜껑을 닫아 약한 불에서 10분간 끓입니다.
⑩ 불에서 내려 15분간 뜸 들입니다.
⑪ 뚜껑을 열어 통들깨 1큰술을 뿌리고 무순을 예쁘게 올려 냅니다.

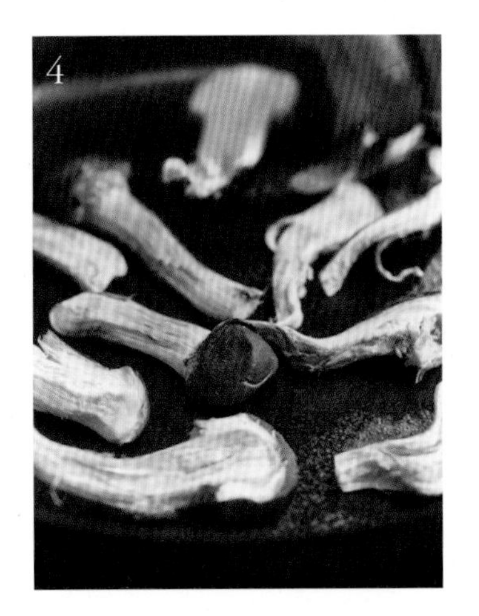
4

5

6

류니의 재료 이야기 통들깨는 식물임에도 오메가 3가 풍부해 신진대사 촉진, 뇌 기능 개선, 노화 방지에 탁월한 식재료예요. '햇들깨' 혹은 '생들깨'라고 적혀 있는 국산 100% 제품을 구입하고 깨끗이 씻어서 사용하세요. 산화가 잘되기 때문에 먹을 양만큼만 소분해 약한 불에 살짝 볶아 완전히 식혀서 냉장 보관합니다.

green

# PART 04. 그린

싱싱한 생명력이 느껴지는 '그린 푸드'. 오이, 시금치, 브로콜리처럼 늘 우리 식탁에 오르는 친근한 채소들이에요. 녹색을 띠는 '엽록소'가 피로를 풀어주며 세포 재생을 도와 노화 예방에 효과가 좋아요.

---


그린빈완두콩솥밥

쪽파포르치니솥밥

아스파라거스호두솥밥

시금치매생이솥밥

취나물애호박솥밥

매콤갓김치솥밥

냉이무나물솥밥

브로콜리양배추솥밥

달래튀김피망솥밥

오이옥수수솥밥

# 그린빈완두콩솥밥

긴 줄기처럼 생긴 그린빈은 흔히 줄기콩 혹은 껍질콩으로 불리며 껍질째 먹을 수 있어요. 지글지글 마늘 기름에 빠르게 볶으면 식감이 훨씬 아삭하고 맛있게 느껴져요. 완두콩은 오래 익히면 색이 노래질 수 있으니 밥물이 잦아들 때쯤 넣는 게 좋아요.

재료

· 쌀 300㎖
· 채수 290㎖
· 그린빈 2줌
· 완두콩 1줌
· 마늘 7~8톨
· 그린 올리브 4~5알
· 적양파 ½개

양념 재료

· 쯔유 1큰술
· 올리브 오일 2큰술
· 소금 약간
· 통후추 약간

소요 시간

· 재료 준비 10분
· 요리 시간 30분

① 쌀은 흐르는 물에 여러 번 씻은 후 체에 밭쳐 물기를 뺀 상태에서 20분간 불립니다.
② 마늘은 두툼하게 편 썰고, 올리브는 한번 씻은 후 씨를 제거하고 잘게 다져 준비합니다.
③ 적양파는 작게 깍둑썰기 해요.
④ 팬에 올리브 오일 2큰술을 두르고 중간 불에 마늘을 넣어 마늘 기름을 내다가 그린빈을 넣어 빠르게 볶습니다.
⑤ 겉이 노릇해지면 소금 약간으로 간하고 1분 더 볶다가 키친타월에 덜어둡니다.
⑥ 솥에 불린 쌀과 채수를 붓고 다진 올리브 1큰술, 쯔유 1큰술로 간하고 뚜껑을 연 상태에서 중강불로 5분간 끓입니다.
⑦ 바글바글 끓어오르면 주걱으로 2~3번 저은 후 솥밥 길이 생겼을 때 윗면을 정리하고 약한 불로 줄입니다.
⑧ 쌀 위에 적양파와 완두콩을 뿌리고 볶은 그린빈을 소복이 얹은 후 뚜껑을 닫아 약한 불에서 10분간 끓입니다.
⑨ 불에서 내려 15분간 뜸 들입니다.
⑩ 뚜껑을 열고 통후추를 갈아 올려서 마무리합니다.

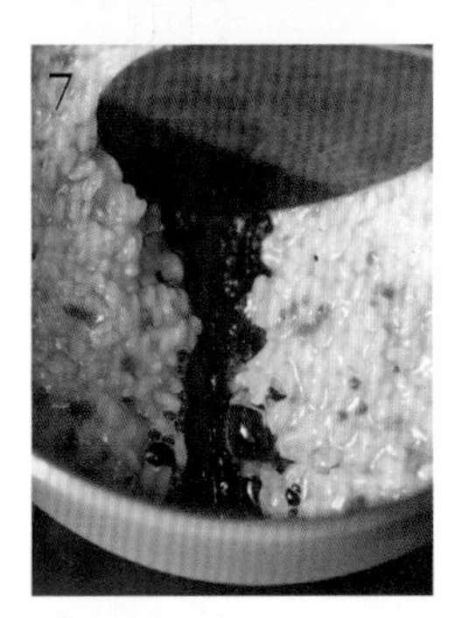

류니의 재료 이야기 껍질이 매우 부드러운 것이 특징인 그린빈은 콩과 채소의 장점을 모두 지닌 식재료예요. 엽산과 철분, 칼슘이 풍부해 골다공증 예방에 효과가 있다고 해요. 살짝 볶아 스테이크 가니시로 활용하거나 총총 썰어 볶음밥에 넣어도 좋아요. 다만 긴 시간 조리하면 특유의 아삭함이 사라지니 살짝만 볶거나 데치세요.

10

# 쪽파포르치니솥밥

달군 프라이팬에 쪽파의 겉면을 지지듯이 구우면 파의 풍미가 온전히 담겨 그것만으로 훌륭한 요리가 돼요. 다시마와 포르치니버섯으로 낸 국물로 밥물을 잡으세요. 중간중간 씹히는 셀러리와 마늘의 식감까지 어우러져서 정말 매력적이에요. 포르치니버섯을 구할 수 없을 땐 건표고버섯으로 대신하세요.

재료

· 쌀 300㎖
· 포르치니 불린 물 290㎖
· 쪽파 ⅓단
· 건포르치니버섯 1줌
· 셀러리 1대
· 마늘 4~5톨
· 다시마 1장

양념 재료

· 올리브 오일 3큰술
· 비건 버터 1큰술
· 쯔유 2큰술
· 통후추 약간
· 소금 약간

소요 시간

· 재료 준비 10분
· 요리 시간 30분

① 쌀은 흐르는 물에 여러 번 씻은 후 체에 밭쳐 물기를 뺀 상태에서 20분간 불립니다.

② 포르치니버섯과 다시마를 뜨거운 물에 담가 불려주세요. 이때 포르치니 불린 물은 버리지 마세요.

③ 마늘과 셀러리는 굵게 다지고 쪽파는 다듬어 길이를 맞춰 준비합니다.

④ 달군 팬에 올리브 오일 2큰술을 두르고 중간 불에서 쪽파를 주걱으로 살짝 누르면서 지지듯이 구워주세요. 이때 소금 약간을 뿌려 간하고 겉이 노릇해지면 키친타월에 옮겨둡니다.
tip. 볶는 게 아니라 지지듯이 구워야 합니다. 쪽파가 타지 않게 유의하세요.

⑤ 솥에 올리브 오일 1큰술을 두르고 마늘과 셀러리를 볶아주세요. 마늘 향이 올라오면 불린 쌀을 넣고 1분 더 볶아요.

⑥ (5)에 포르치니 불린 물, 버터 1큰술, 쯔유 2큰술로 간하고 뚜껑을 연 상태에서 중강불로 5분간 끓입니다.

⑦ 바글바글 끓어오르면 주걱으로 2~3번 저은 후 솥밥 길이 생겼을 때 윗면을 정리하고 약한 불로 줄입니다.

⑧ 쌀 위에 포르치니를 깔고 그 위에 같이 불린 다시마를 올린 후 뚜껑을 닫아 약한 불에서 10분간 끓입니다.

⑨ 불에서 내려 15분간 뜸 들입니다.

⑩ 뚜껑을 열어 다시마를 제거한 후 구운 쪽파를 가지런히 얹고 통후추를 갈아 냅니다.
tip. 솥밥을 섞기 전에 쪽파를 가위로 먹기 좋게 자르고, 다시마를 얇게 채 썰어 곁들여도 좋습니다.

류니의 재료 이야기 우리나라 전통 채소를 대표하는 쪽파는 대파보다 연하고 부드러워 각종 요리의 양념과 파전, 파김치 등에 많이 쓰여요. 생으로는 알싸한 매운 향이 돋보이고, 익히면 촉촉한 단맛을 내는 게 특징이죠. 특히 비타민 A가 풍부하게 함유되어 있으며, 각종 성인병을 예방하는 효과를 발휘합니다.

10

# 아스파라거스호두솥밥

필러로 아스파라거스를 길고 얇게 저며 준비하고, 뜸 들이는 밥 위에 올려 잔열로 딱 알맞게 익히세요. 신선한 레몬에서 갓 짜낸 레몬즙을 뿌리면 훨씬 상큼하겠죠? 더 고소한 풍미를 내고 싶을 땐 호두 대신 마른 팬에 잣을 노릇하게 볶아서 넣어보세요.

재료

· 쌀 300mℓ
· 채수 280mℓ
· 아스파라거스 4~5대
· 호두 1줌
· 마늘 4~5톨
· 양파 ½개
· 양송이버섯 4~5개
· 식물성 치즈 1줌

양념 재료

· 바질 페스토 3큰술
· 올리브 오일 3큰술
· 쯔유 1큰술
· 레몬즙 1큰술
· 소금 약간
· 통후추 약간

소요 시간

· 재료 준비 10분
· 요리 시간 30분

① 쌀은 흐르는 물에 여러 번 씻은 후 체에 밭쳐 물기를 뺀 상태에서 20분간 불립니다.

② 아스파라거스는 질긴 밑동을 1㎝ 자르고 필러로 길고 얇게 슬라이스해서 물에 담가놓아요.

③ 마늘은 두툼하게 편 썰고, 양파와 양송이버섯은 깍둑 썰어요.

④ 치즈는 필러로 얇게 슬라이스한 조각을 준비해요.

⑤ 호두는 잘게 다져서 마른 팬에 넣고 중간 불에서 2분 볶아줍니다.

⑥ 솥에 올리브 오일 2큰술을 두르고 마늘을 넣어 중간 불에서 마늘 기름을 냅니다.

⑦ 마늘이 노릇해지면 양파와 양송이버섯을 넣고 소금 약간으로 간한 후 2분 더 볶아요.

⑧ ⑺에 불린 쌀을 넣고 쯔유 1큰술로 간한 후 1분 더 볶다가 채수를 붓고 뚜껑을 연 상태에서 중강불로 5분간 끓입니다.

⑨ 바글바글 끓어오르면 주걱으로 2~3번 저은 후 솥밥 길이 생겼을 때 윗면을 정리하고 약한 불로 줄입니다.

⑩ 쌀 위에 바질 페스토 3큰술을 얇게 바르고 구운 호두를 뿌린 후 뚜껑을 닫아 약한 불에서 10분간 끓입니다.

⑪ 불에서 내려 15분간 뜸 들입니다.

⑫ 뚜껑을 열어 쌀 위에 ⑵를 올리고 다시 뚜껑을 닫아 1분 더 둡니다.

⑬ 질 좋은 향긋한 올리브 오일 1큰술, 레몬즙 1큰술, 소금 약간, 슬라이스한 치즈를 골고루 뿌리고 통후추를 갈아 냅니다.

류니의 재료 이야기 피로와 숙취 해소에 좋은 아미노산인 '아스파라긴산'이 처음 발견된 채소, 아스파라거스. 샐러드, 볶음, 스테이크 가니시 등 서양 음식에서 다양하게 활용되는 식재료입니다. 봉오리가 모여 있으며 단단하고 초록빛을 띠는 걸 고르세요. 뻣뻣한 밑동을 잘라내고 줄기의 질긴 부분을 필러로 가볍게 제거해 요리합니다.

2
5
6
8
9
10
13

# 시금치매생이솥밥

식탁에 자주 올라오는 시금치는 주로 나물로 무치거나 된장국에 넣어 먹곤 합니다. 겨울에 더 달큰해지는 시금치로 시금치밥을 지어 먹는 것도 별미랍니다. 고소하고 은은한 바다 감칠맛이 가득한 매생이를 더하면 더 특별해질 거예요.

재료

- 쌀 300㎖
- 채수 290㎖
- 시금치 ½단
- 매생이 1줌
- 새송이버섯 2개

양념 재료

- 미소 된장 1큰술
- 들기름 3큰술
- 쯔유 2큰술
- 통깨 1큰술
- 소금 약간

소요 시간

- 재료 준비 10분
- 요리 시간 30분

① 쌀은 흐르는 물에 여러 번 씻은 후 체에 밭쳐 물기를 뺀 상태에서 20분간 불립니다.

② 시금치는 밑동을 잘라 반으로 자르고, 새송이버섯은 길이로 2등분한 후에 채 썰어요.

③ 매생이는 채반에 밭쳐 흐르는 물에 뒤적여가며 깨끗이 씻고, 물기를 꽉 짠 후 가위로 4등분합니다.

tip. 동결 건조 매생이를 사용하면 간편하게 만들 수 있어요.

④ 채수에 미소 된장 1큰술을 잘 풀어주세요.

⑤ 달군 팬에 들기름 1큰술을 두르고 중간 불에서 새송이버섯을 볶으며 소금 약간으로 간한 후 물기가 사라질 때까지 볶아주세요.

⑥ 솥에 들기름 1큰술을 두르고 매생이를 1분간 볶다가 불린 쌀을 넣고 쯔유 1큰술로 간한 다음 1분 더 볶아요. 이때 매생이가 뭉치지 않게 잘 풀어주세요.

⑦ (4)의 채수를 붓고 뚜껑을 연 상태에서 중강불로 5분간 끓입니다.

⑧ 바글바글 끓어오르면 주걱으로 2~3번 저은 후 솥밥 길이 생겼을 때 윗면을 정리하고 약한 불로 줄입니다.

⑨ 쌀 위에 (5)를 올리고 시금치를 소복이 올려요. 그 위에 쯔유 1큰술을 뿌린 후 뚜껑을 닫아 약한 불에서 10분간 끓입니다.

⑩ 불에서 내려 15분간 뜸 들입니다.

⑪ 뚜껑을 열어 통깨 1큰술, 들기름 1큰술을 뿌려 냅니다.

류니의 재료 이야기

시금치는 수분, 비타민, 무기질을 다량 함유해 가임기 여성과 임신부에게 매우 좋다고 해요. 서늘한 계절에 잘 자라며 잎색이 진하고 윤기가 나며 두툼한 게 맛있어요. 재배 지역에 따라 포항초, 남해초, 섬초 등으로 구분하죠. 포항초는 일반 시금치에 비해 작지만 당도가 높고, 비금도에서 재배한 섬초는 갯벌 해풍을 맞고 자라 게르마늄이 풍부하다고 해요.

# 취나물애호박솥밥

쌉싸름한 취나물을 부드럽게 데쳐 참기름에 조물조물 무쳐줍니다. 애호박은 길이를 살려 그릴 자국이 나도록 노릇하게 구워요. 밥을 섞을 때 적당히 무른 애호박을 주걱으로 잘라주면 됩니다. 봄의 싱그러움을 한껏 느끼고 싶을 때는 취나물의 여린 잎을 토핑용으로 남겨놓고 마지막에 얹어보면 어떨까요?

재료

· 쌀 300mℓ
· 채수 300mℓ
· 취나물 ½단
· 애호박 1개
· 당근 ½개

양념 재료

· 미소 된장 1큰술
· 참기름 2큰술
· 식용유 2큰술
· 쯔유 2큰술
· 통깨 1큰술
· 소금 약간

소요 시간

· 재료 준비 10분
· 요리 시간 30분

① 쌀은 흐르는 물에 여러 번 씻은 후 체에 밭쳐 물기를 뺀 상태에서 20분간 불립니다.

② 취나물은 아랫부분의 억센 줄기를 자르고 무른 잎을 떼어낸 후 깨끗이 씻어 준비합니다.

③ 당근은 굵게 다지고 애호박은 길쭉한 모양을 살려 도톰하게 슬라이스해요.

④ 채수에 미소 된장 1큰술을 잘 풀어주세요.

⑤ 끓는 물에 (2)를 1분간 데치고 찬물에 헹궈 물기를 짜주세요.

⑥ (5)에 참기름 1큰술, 소금 약간, 쯔유 1큰술로 간을 해 무쳐놔요.

⑦ 그릴 팬에 식용유 2큰술을 골고루 바른 후 애호박에 그릴 자국이 노릇하게 나게 구워요.

⑧ 솥에 불린 쌀과 채수를 붓고 다진 당근, 쯔유 1큰술, 소금 약간으로 간한 후 뚜껑을 열어 중강불로 5분간 끓입니다.

⑨ 바글바글 끓어오르면 주걱으로 2~3번 저은 후 솥밥 길이 생겼을 때 윗면을 정리하고 약한 불로 줄입니다.

⑩ 쌀 위에 (7)을 가지런히 펼쳐 올리고 취나물을 봉긋하게 담은 후 뚜껑을 닫아 약한 불에서 10분간 끓입니다.

⑪ 불에서 내려 15분간 뜸 들입니다.

⑫ 뚜껑을 열어 참기름 1큰술, 통깨 1큰술을 뿌려 냅니다.

류니의 재료 이야기 산나물의 왕이라고 불리는 취나물은 산에 자생하는 산채로 3월부터 5월까지 채취합니다. 비타민 C와 칼슘이 많아 춘곤증 예방에 좋으며 혈액을 맑게 해 혈액순환이 잘되게 해줘요. 말린 취나물을 불릴 때는 약한 불에서 뭉근히 30분 이상 삶고 그대로 식혀 찬물로 2~3번 헹구면 됩니다. 말려서 더 쫄깃하고 진한 향이 느껴질 거예요.

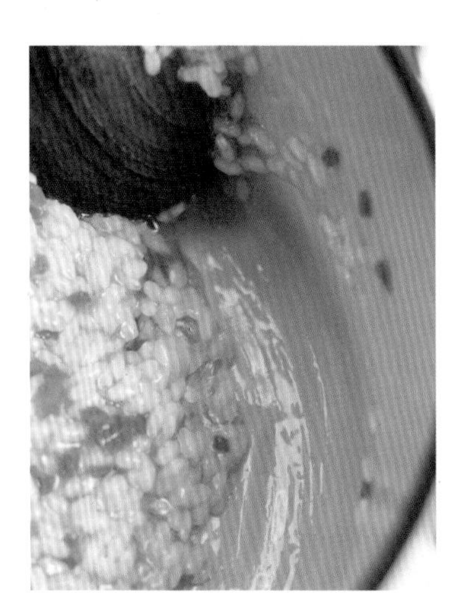

# 매콤갓김치솥밥

맵고 쌉싸름한 맛을 좋아한다면 돌산갓김치를 추천할게요. 슴슴하게 먹고 싶다면 갓김치를 흐르는 물에 씻어 물기를 꼭 짠 후 요리하세요. 김치볶음밥보다는 담백하면서 재료의 감칠맛이 쌀알 하나하나에서 느껴진답니다. 설탕은 갓김치가 익은 정도에 따라 가감하세요.

재료

· 쌀 300㎖
· 채수 290㎖
· 갓김치 2줌
· 양파 ½개
· 대파 1대
· 애호박 ½개
· 쪽파 ¼대

양념 재료

· 쯔유 1큰술
· 들기름 3큰술
· 통깨 1큰술
· 설탕 약간

소요 시간

· 재료 준비 10분
· 요리 시간 30분

① 쌀은 흐르는 물에 여러 번 씻은 후 체에 밭쳐 물기를 뺀 상태에서 20분간 불립니다.

② 쪽파와 대파는 총총 썰고, 양파와 애호박은 작게 깍둑 썰어요.

③ 갓김치는 양념을 털어내고 한입 크기로 썰어놔요.

④ 솥에 들기름 2큰술을 두르고 대파를 넣어 중간 불에서 볶아요. 대파 향이 올라오면 양파와 애호박을 넣고 양파가 투명해질 때까지 볶아주세요.

⑤ (4)에 갓김치를 넣고 설탕을 약간 뿌린 후 1분 더 볶아요.
tip. 설탕은 취향에 따라, 갓김치의 숙성 정도에 따라 가감하세요.

⑥ (5)에 불린 쌀을 넣고 1분 더 볶다가 채수를 붓고 쯔유 1큰술로 간한 후 뚜껑을 연 상태에서 중강불로 5분간 끓입니다.

⑦ 바글바글 끓어오르면 주걱으로 2~3번 저은 후 솥밥 길이 생겼을 때 윗면을 정리하고 약한 불로 줄입니다.

⑧ 뚜껑을 닫아 약한 불에서 10분간 끓입니다.

⑨ 불에서 내려 15분간 뜸 들입니다.

⑩ 뚜껑을 열어 들기름 1큰술, 통깨 1큰술, 썰어놓은 쪽파를 뿌려 냅니다.

류니의 재료 이야기 갓은 특유의 시원한 향과 톡 쏘는 매운맛 때문에 주로 김치에 쓰여요. 특히 매운맛이 배추과 채소 중 가장 강하다고 합니다. 엽산이 많이 들어 있어서 임신부와 태아에게 꼭 필요한 채소이기도 하고요. 줄기가 가늘고 부드러운 것을 골라 갓김치를 담가보세요.

6

7

# 냉이무나물솥밥

냉이를 생으로 먹었을 때 본연의 맛을 가장 잘 느낄 수 있겠지만, 들기름에 볶아 고소한 풍미를 더 진하게 내보는 건 어때요? 솥밥을 짓고 남은 냉이로 향긋하고 구수한 냉이된장찌개를 끓여 향긋한 봄나물 식탁을 한 상 차려보세요.

재료

- 쌀 300㎖
- 채수 290㎖
- 냉이 2줌
- 무 ¼개
- 당근 ½개

양념 재료

- 들기름 1큰술
- 쯔유 1큰술
- 통깨 1큰술
- 소금 약간

무 양념 재료

- 식용유 2큰술
- 다진 마늘 1큰술
- 국간장 2큰술
- 채수 100㎖
- 들기름 1큰술
- 들깨가루 1큰술

소요 시간

- 재료 준비 10분
- 요리 시간 30분

① 쌀은 흐르는 물에 여러 번 씻은 후 체에 밭쳐 물기를 뺀 상태에서 20분간 불립니다.

② 냉이는 시든 잎을 떼어낸 후 한입 크기로 총총 썰어 준비해요.

③ 무를 두툼하게 채 썰고 당근은 작게 깍둑 썰어 준비해요.

④ 달군 팬에 식용유 2큰술, 다진 마늘 1큰술을 넣고 중간 불에서 마늘 기름을 내다가, 향이 올라오면 무를 넣고 1분 정도 볶아주세요.

⑤ (4)에 국간장 2큰술, 채수 100㎖, 들기름 1큰술로 간하고 중간 불에서 2분간 끓인 후 들깨가루 1큰술을 넣고 한번 더 볶습니다. 이때 수분을 거의 날려줍니다.

⑥ 솥에 들기름 1큰술을 두르고 중간 불에서 냉이의 절반과 당근을 투명해질 때까지 볶아요.

⑦ (6)에 불린 쌀과 채수를 붓고 소금 약간, 쯔유 1큰술로 간합니다.

⑧ 뚜껑을 연 상태에서 중강불로 5분간 끓입니다.

⑨ 바글바글 끓어오르면 주걱으로 2~3번 저은 후 솥밥 길이 생겼을 때 윗면을 정리하고 약한 불로 줄입니다.

⑩ 쌀 위에 (5)와 남은 냉이를 올리고 뚜껑을 닫아 약한 불에서 10분간 끓입니다.

⑪ 불에서 내려 15분간 뜸 들입니다.

⑫ 뜸이 다 들었으면 뚜껑을 열어 통깨 1큰술을 뿌려 냅니다.

류니의 재료 이야기 봄나물 중에서도 단백질과 비타민 A가 풍부한 냉이는 향이 진하고, 뿌리가 굵지 않으며 매끈하게 뻗은 것이 좋아요. 《동의보감》에는 냉이가 간을 튼튼하게 해주고 눈을 밝게 하는 효능이 있다고 기록되어 있습니다. 씁쓸한 맛이 부담스럽다면 소금 넣은 물에 살짝 데치면 돼요. 뿌리 사이사이에 묻어 있는 흙을 꼼꼼하게 씻어주세요.

8

9

10

12

# 브로콜리니양배추솥밥

팬에 볶아야 더 아삭하고 신선한 맛이 나는 브로콜리니. 브로콜리니에 간을 할 때 발사믹 글레이즈 대신 풍미가 남다른 8년산 혹은 12년산 발사믹 식초를 활용하면 색다른 맛을 즐길 수 있을 거예요. 쌀 위에 얇게 채 썬 양배추를 올려 밥을 지으면 양배추의 단맛이 쌀알에 고스란히 스며들어 기분 좋은 단맛을 낸답니다.

재료

· 쌀 300mℓ
· 채수 280mℓ
· 브로콜리니 4~5대
· 양배추 ¼통

양념 재료

· 발사믹 글레이즈 1큰술
· 올리브 오일 3큰술
· 비건 버터 1큰술
· 쯔유 2큰술
· 레몬즙 1큰술
· 소금 약간
· 통후추 약간

소요 시간

· 재료 준비 10분
· 요리 시간 30분

① 쌀은 흐르는 물에 여러 번 씻은 후 체에 밭쳐 물기를 뺀 상태에서 20분간 불립니다.
② 브로콜리니는 줄기가 억센 부분을 필러로 살짝 벗겨요.
③ 양배추를 얇게 채 썰어 5㎝로 길이를 맞춰요.
④ 팬에 올리브 오일 2큰술을 두르고 강한 불에서 지지듯이 (2)를 구워줍니다.
⑤ 겉면이 노릇해지면 소금 약간, 발사믹 글레이즈 1큰술로 간하고 30초 정도 전체적으로 볶아주세요.
⑥ 솥에 불린 쌀과 채수를 붓고 쯔유 2큰술, 버터 1큰술로 간합니다.
⑦ 뚜껑을 연 상태에서 중강불로 5분간 끓입니다.
⑧ 바글바글 끓어오르면 주걱으로 2~3번 저은 후 솥밥 길이 생겼을 때 윗면을 정리하고 약한 불로 줄입니다.
⑨ 쌀 위에 (3)을 전체적으로 깔고 (5)를 올린 후 뚜껑을 닫고 약한 불에서 10분간 끓입니다.
⑩ 불에서 내려 15분간 뜸 들입니다.
⑪ 뚜껑을 열어 향긋한 올리브 오일 1큰술, 레몬즙 1큰술을 뿌리고 통후추를 갈아 냅니다.

5

6

9

11

**류니의 재료 이야기** 브로콜리니는 줄기가 아스파라거스처럼 아삭하고 부드러운 꽃망울에선 브로콜리 맛이 나기 때문에 두 가지 맛과 식감을 동시에 느낄 수 있어요. 올리브 오일에 바싹 구워 소금 간만 해도 근사한 요리가 되더라고요. 풍부한 식이섬유와 낮은 열량 덕분에 체중 감량을 위한 식단에도 흔히 활용하는 식재료입니다.

# 달래튀김피망솥밥

다채로운 봄 내음을 느낄 수 있는 향긋한 달래는 손질하기 약간 까다로운 식재료죠. 알뿌리 껍질을 한 꺼풀 벗기고 흙이 떨어져나가도록 살살 흔들며 씻어야 해요. 달래와 냉이 같은 봄나물은 한번만 튀겨도 충분히 바삭합니다. 두릅과 풋마늘이 제철인 4~5월에는 달래와 냉이 대신 두릅과 풋마늘을 튀겨보세요.

재료

- 쌀 300㎖
- 채수 290㎖
- 달래 2줌
- 냉이 2줌
- 청피망 ½개
- 노란 파프리카 ½개
- 빨간 파프리카 ½개
- 식용유 적당량

양념 재료

- 쯔유 2큰술
- 레몬즙 1큰술
- 소금 약간
- 통후추 약간
- 감자 전분 2큰술

튀김 반죽

- 튀김가루 ⅔컵
- 얼음물 ⅔컵
- 맛술 2큰술

소요 시간

- 재료 준비 10분
- 요리 시간 30분

① 쌀은 흐르는 물에 여러 번 씻은 후 체에 밭쳐 물기를 뺀 상태에서 20분간 불립니다.

② 달래와 냉이는 흙을 털어내고 흐르는 물에 씻어 깨끗하게 손질해요.

③ 달래의 절반은 동그랗게 한 번씩 묶고 절반은 2㎝ 길이로 총총 썰어 준비합니다.

④ 냉이는 두꺼운 부분을 반으로 가르고 피망과 파프리카는 작게 깍둑 썰어 준비해요.

⑤ 솥에 불린 쌀과 채수를 붓고 쯔유 2큰술로 간한 후 뚜껑을 연 상태에서 중강불로 5분간 끓입니다.

⑥ 바글바글 끓어오르면 주걱으로 2~3번 저은 후 솥밥 길이 생겼을 때 윗면을 정리하고 약한 불로 줄입니다.

⑦ 총총 썬 달래와 피망, 파프리카를 쌀 위에 전체적으로 깔고 소금을 약간 뿌린 후 뚜껑을 닫아 약한 불에서 10분간 끓입니다.

⑧ 불에서 내려 15분간 뜸 들입니다.

⑨ 뜸을 들이는 동안 유리 볼에 분량의 튀김 반죽 재료를 넣고 거품기로 잘 섞습니다.

⑩ 동그랗게 묶은 달래와 썰어놓은 냉이에 감자 전분 2큰술을 골고루 무쳐요.

⑪ 튀김용 냄비에 기름을 넉넉히 붓고 강한 불에서 끓이다가 반죽을 약간 넣어 포르르 끓어오르면 ⑽에 튀김 반죽을 얇게 묻혀 한 젓가락씩 넣어 튀겨요.

tip. 반죽이 너무 두껍게 묻지 않게 주의합니다.

⑫ ⑾은 튀기자마자 탁탁 털어서 기름을 제거하고 채반 위에 올려둡니다.

⑬ 뜸이 다 들었으면 뚜껑을 열어 튀김을 가운데 올리고 레몬즙 1큰술을 뿌린 후 통후추를 살짝 갈아 냅니다.

tip. 홀그레인 머스터드 양념장(P. 029)을 곁들이면 더 맛있어요.

류니의 재료 이야기 달래의 매운맛을 내는 '알리신'은 원기 회복 효과가 있고 입맛이 없을 때 식욕을 돋워준다고 해요. 더 진한 향을 원한다면 초록색 줄기가 없고 하얗고 동그란 알뿌리가 특징인 은달래를 활용해 보세요. 달래를 고를 때는 알뿌리가 가지런하고 잎이 진한 녹색을 띠며 싱싱한 것을 선택하세요. 시간이 지나면 특유의 알싸한 매운맛이 약해지기 때문에 되도록 빨리 먹어야 해요.

# 오이옥수수솥밥

새콤달콤한 오이옥수수샐러드는 많이 접해봤지만 따뜻한 요리 레시피는 드물죠? 소금에 살짝 절여 꼬들한 오이에 톡톡 터지는 옥수수를 더해 어른과 아이 모두 좋아할 만한 별미가 됐어요. 중간중간 느껴지는 선드라이 토마토의 감칠맛에 깜짝 놀랄지도 몰라요.

재료

· 쌀 300㎖
· 채수 290㎖
· 다다기오이 1개
· 캔 옥수수 150g
· 선드라이 토마토 100g
· 굵은소금 약간

양념 재료

· 들기름 2큰술
· 쯔유 2큰술
· 들깨가루 2큰술
· 소금 ½큰술 + 약간

소요 시간

· 재료 준비 10분
· 요리 시간 30분

① 쌀은 흐르는 물에 여러 번 씻은 후 체에 밭쳐 물기를 뺀 상태에서 20분간 불립니다.

② 오이는 껍질까지 사용해야 하니 굵은소금으로 겉면을 문질러 씻은 후 물로 헹궈 도톰하게 슬라이스해요.

③ 선드라이 토마토는 한입 크기로 썰고, 캔 옥수수는 물에 한번 씻어 물기를 빼서 준비해요.

④ 유리 볼에 오이, 소금 ½큰술을 넣고 간이 배게 10분간 놔둬요.

⑤ ⑷를 흐르는 물에 가볍게 씻고 물기를 꼭 짭니다.

⑥ 오이에 들기름 1큰술, 들깨가루 1큰술, 소금 약간으로 간합니다.

⑦ 솥에 불린 쌀과 채수를 붓고 쯔유 2큰술로 간한 후 뚜껑을 연 상태에서 중강불로 5분간 끓입니다.

⑧ 바글바글 끓어오르면 주걱으로 2~3번 저은 후 솥밥 길이 생겼을 때 윗면을 정리하고 약한 불로 줄입니다.

⑨ 쌀 위에 옥수수를 전체적으로 깔고 선드라이 토마토와 절인 오이를 올린 다음 뚜껑을 닫고 약한 불에서 10분간 끓입니다.

⑩ 불에서 내려 15분간 뜸 들입니다.

⑪ 뚜껑을 열어 들기름 1큰술, 들깨가루 1큰술을 뿌려 냅니다.

2

3

4

5

6

7

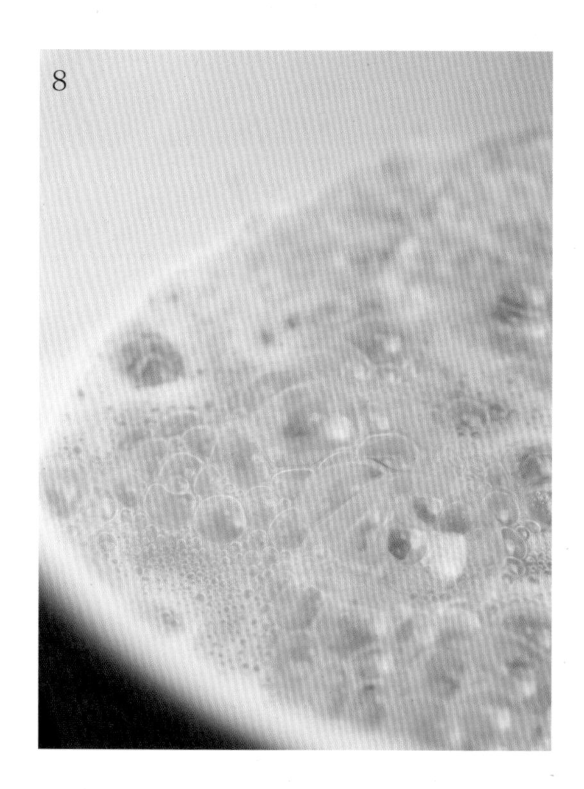

류니의 재료 이야기 오이는 백오이, 취청오이, 가시오이, 청풍오이 등 은근 종류가 다양해요. 그중 다다기오이라고도 불리는 백오이를 가장 많이 사용하는 것 같아요. 향이 풍부하고 단단한 식감으로 생식은 물론 절임, 소박이에도 적합하거든요. 색이 선명하고 굵기가 일정하며 모양이 곧은 오이가 수분감도 풍부하고 맛도 좋더라고요.

red

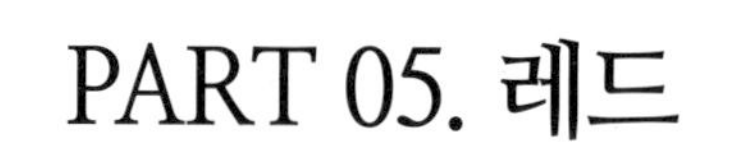

# PART 05. 레드

빨간색 음식을 볼 때면 신기하게 '맛있겠다'라는 생각이 절로 들죠? 붉은 색소에 많이 들어 있는 '라이코펜' 성분이 혈관을 튼튼하게 하고 혈액순환을 도우며, 심장을 건강하게 만들어줍니다.

---


토마토무말랭이솥밥

고추장채소솥밥

적양파감자솥밥

파프리카아보카도솥밥

우메보시솥밥

래디시브로콜리솥밥

방울토마토양송이솥밥

매콤무조림대파솥밥

팥시래기솥밥

비트병아리콩솥밥

# 토마토무말랭이솥밥

오독거리는 식감이 좋은 무말랭이가 토마토소스와 잘 어울린다는 사실, 알고 계셨나요? 상큼한 홀 토마토에 넣고 뭉근히 조리면 아이들도 좋아하는 요리로 변신해요. 홀 토마토의 신맛이 강하게 느껴질 땐 설탕을 약간 뿌리고, 매콤함을 추가하고 싶을 땐 두반장을 ½큰술만 넣어보세요. 무말랭이 불린 물은 밥물로 활용해도 됩니다.

재료

- 쌀 300㎖
- 채수 300㎖
- 홀 토마토(시판) 200g
- 무말랭이 1줌
- 당근 ½개
- 양파 ½개
- 마늘 2~3톨
- 바질 1줌

양념 재료

- 올리브 오일 2큰술
- 맛술 1큰술
- 설탕 ½작은술
- 진간장 1큰술
- 쯔유 1큰술
- 통후추 약간

소요 시간

- 재료 준비 10분
- 요리 시간 30분

① 쌀은 흐르는 물에 여러 번 씻은 후 체에 밭쳐 물기를 뺀 상태에서 20분간 불립니다.

② 무말랭이는 가볍게 씻어 10분간 불리고 당근과 양파는 채 썰어주세요.

③ 마늘은 굵게 다져요.

④ 달군 팬에 올리브 오일 2큰술을 넣고 중간 불에서 마늘을 볶다가 마늘 향이 올라오면 무말랭이, 당근, 양파를 넣고 무말랭이가 야들해질 때까지 볶아요.

⑤ (4)에 시판 홀 토마토 200g, 설탕 ½작은술, 맛술 1큰술, 진간장 1큰술을 넣고 홀 토마토를 주걱으로 으깨며 물기가 날아가고 꾸덕해질 때까지 볶아요.

tip. 간편하게 시판 토마토소스로 대체해도 괜찮아요.

⑥ 솥에 불린 쌀과 채수를 붓고 쯔유 1큰술로 간한 후 뚜껑을 연 상태에서 중강불로 5분간 끓여요.

⑦ 바글바글 끓어오르면 주걱으로 2~3번 저은 후 솥밥 길이 생겼을 때 윗면을 정리하고 약한 불로 줄입니다.

⑧ 쌀 위에 (5)를 펴서 올리고 뚜껑을 닫고 약한 불에서 10분 더 끓여요.

⑨ 불을 끄고 15분간 뜸 들입니다.

⑩ 뜸이 다 들었으면 뚜껑을 열어 바질을 예쁘게 얹고 통후추를 갈아 냅니다.

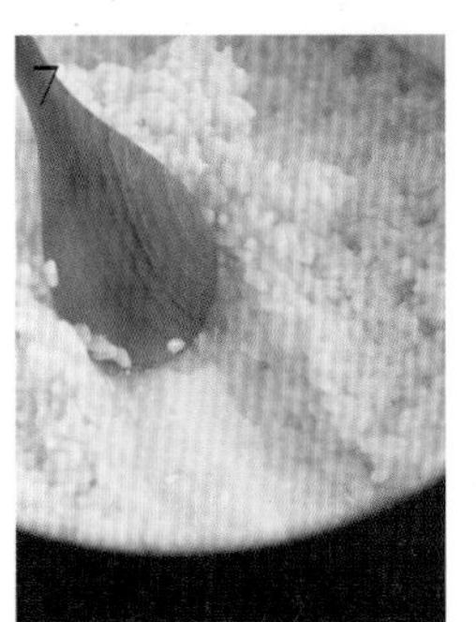

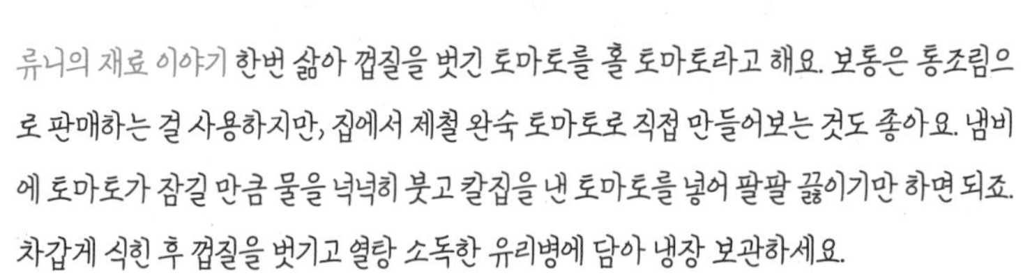

류니의 재료 이야기 한번 삶아 껍질을 벗긴 토마토를 홀 토마토라고 해요. 보통은 통조림으로 판매하는 걸 사용하지만, 집에서 제철 완숙 토마토로 직접 만들어보는 것도 좋아요. 냄비에 토마토가 잠길 만큼 물을 넉넉히 붓고 칼집을 낸 토마토를 넣어 팔팔 끓이기만 하면 되죠. 차갑게 식힌 후 껍질을 벗기고 열탕 소독한 유리병에 담아 냉장 보관하세요.

# 고추장채소솥밥

냉장고 한편에 있던 고추장을 꺼내 채소 국물에 풀어 넣으면 매콤하고 감칠맛 가득한 채수가 뚝딱 완성된답니다. 은은한 소금기가 느껴지는 세발나물을 생으로 들기름에 무쳐 솥밥 위에 봉긋하게 올리세요. 사근사근 씹히는 세발나물이 푸릇푸릇 신선함을 선사할 거예요.

재료

- 쌀 300ml
- 채수 300ml
- 세발나물 ½단
- 애호박 ¼개
- 당근 ¼개
- 표고버섯 2~3개

양념 재료

- 고추장 2큰술
- 쯔유 1큰술
- 들기름 1큰술
- 설탕 ¼작은술
- 맛술 1큰술
- 소금 약간

세발나물 양념 재료

- 들기름 1큰술
- 쯔유 ½큰술
- 통깨 1큰술
- 소금 약간

소요 시간

- 재료 준비 10분
- 요리 시간 30분

① 쌀은 흐르는 물에 여러 번 씻은 후 체에 밭쳐 물기를 뺀 상태에서 20분간 불립니다.

② 유리 볼에 채수와 고추장 2큰술, 설탕 ¼작은술, 쯔유 1큰술, 맛술 1큰술을 섞어 준비합니다.

③ 애호박, 당근, 표고버섯은 작게 깍둑 썰어주세요.

④ 세발나물은 한입 크기로 잘라 준비합니다.

⑤ 솥에 들기름 1큰술을 두르고 (3)을 노릇하게 볶으며 소금 약간으로 간합니다.

⑥ (5)에 불린 쌀을 넣고 1분 더 볶다가 (2)를 부어 뚜껑을 연 상태에서 중강불로 5분간 끓여요.

⑦ 바글바글 끓어오르면 주걱으로 2~3번 저은 후 솥밥 길이 생겼을 때 윗면을 정리하고 약한 불로 줄입니다.

⑧ 뚜껑을 닫고 약한 불에서 10분 더 끓여요.

⑨ 불을 끄고 15분간 뜸 들입니다.

⑩ 유리 볼에 세발나물, 들기름 1큰술, 쯔유 ½큰술, 통깨 1큰술, 소금 약간으로 간을 해 무쳐요.

tip. 세발나물은 숨이 금세 가라앉으니 제일 마지막에 무쳐줍니다.

⑪ 뜸이 다 들었으면 뚜껑을 열고 세발나물 무침을 얹어 냅니다.

류니의 재료 이야기 매운맛, 짠맛, 단맛이 조화를 이루는 고추장은 메줏가루, 쌀, 엿기름, 고춧가루를 섞어 만든 발효 식품이에요. 고추가 발효 과정을 거쳐 위장의 자극을 덜고 체온을 올려 신진대사를 활발하게 해줘요. 싱싱하고 좋은 고추장은 손으로 찍었을 때 흐르지 않고 꾸덕하며 짙은 빨간색을 띤답니다.

# 적양파감자솥밥

도톰하게 채 썬 적양파와 노릇하게 구운 황금팽이버섯을 쌀에 올려 밥을 지으세요. 그 위에 금방 다진 신선한 생강을 흩뿌리는 것도 잊지 말아요. 은은하고 고급스러운 생강 향이 솥밥에 사르르 배어들 거예요. 마지막에 토핑으로 이탈리아 파슬리 대신 쪽파를 총총 썰어 얹어도 괜찮아요.

재료

· 쌀 300㎖
· 채수 290㎖
· 적양파 1개
· 감자 1~2개
· 황금팽이버섯 ½팩
· 생강 ⅓톨
· 이탈리아 파슬리 1줌

양념 재료

· 올리브 오일 1큰술
· 비건 버터 1큰술
· 쯔유 2큰술
· 소금 약간
· 통후추 약간

소요 시간

· 재료 준비 10분
· 요리 시간 30분

① 쌀은 흐르는 물에 여러 번 씻은 후 체에 밭쳐 물기를 뺀 상태에서 20분간 불립니다.
② 적양파는 도톰하게 채 썰고 생강은 굵게 다져주세요.
③ 황금팽이버섯은 한입 크기로 찢어요.
④ 감자는 큼직하게 깍둑 썰고 물에 10분 정도 담가서 전분기를 제거합니다.
⑤ 달군 팬에 올리브 오일 1큰술을 두르고 황금팽이버섯에 소금 약간으로 간한 후 중간 불에서 노릇하게 구워요.
⑥ 솥에 버터 1큰술을 넣고 중간 불에서 감자를 볶으며 소금 약간으로 간합니다.
⑦ 감자의 겉이 노릇해지면 불린 쌀을 넣고 1분 더 볶다가 채수를 붓고 쯔유 2큰술로 간한 후 뚜껑을 연 상태에서 중강불로 5분간 끓여요.
⑧ 바글바글 끓어오르면 주걱으로 2~3번 저은 후 솥밥 길이 생겼을 때 윗면을 정리하고 약한 불로 줄입니다.
⑨ 쌀 위에 채 썬 적양파와 구운 버섯을 올리고 다진 생강을 흩뿌린 후 뚜껑을 닫고 약한 불에서 10분 더 끓여요.
⑩ 불을 끄고 15분간 뜸 들입니다.
⑪ 뚜껑을 열고 파슬리 잎을 예쁘게 얹은 후 통후추를 갈아 냅니다.

tip. 마지막에 취향에 따라 향긋한 올리브 오일 혹은 트러플 오일을 1큰술 뿌려보세요.

류니의 재료 이야기 적양파는 보통의 하얀 양파보다 매운맛과 냄새가 적고 수분 함량이 높으며, 식감이 더 아삭해요. 적양파의 붉은색을 띠게 하는 '안토시아닌'이라는 성분은 강력한 항산화제라서 활성산소를 억제하고 염증을 완화해줍니다. 더불어 요리할 때 예쁜 색을 내니 얇게 채 썰어 샐러드에 넣거나 초절임 혹은 피클을 만들기에도 좋답니다.

2
3
5
6
7
8
9

# 파프리카아보카도솥밥

생생한 빛깔의 파프리카는 어떤 요리든 알록달록 예쁜 색감을 더해줍니다. 가벼운 과일 향이 나는 파프리카에 싱그러운 버터 풍미를 내는 아보카도를 곁들여보세요. 밥물은 색이 진하게 우러난 이국적인 사프란 채수로 맞춰줄게요. 사프란이 없다면 밥을 지을 때 월계수 잎을 2~3개 올리는 걸로도 충분해요.

재료

- 쌀 300㎖
- 채수 290㎖
- 빨간 파프리카 1개
- 아보카도 ½개
- 샬롯 3~4개

양념 재료

- 사프란 5~6줄기
- 올리브 오일 2큰술
- 비건 버터 ½큰술
- 소금 ¼작은술+약간
- 통후추 약간

소요 시간

- 재료 준비 10분
- 요리 시간 30분

① 쌀은 흐르는 물에 여러 번 씻은 후 체에 밭쳐 물기를 뺀 상태에서 20분간 불립니다.

② 채수에 사프란을 넣어 30분 정도 우려요.

③ 아보카도는 껍질을 까고 씨를 제거한 후 모양을 살려 도톰하게 채 썰어서 준비합니다.

④ 샬롯은 모양을 살려 슬라이스하고, 파프리카는 도톰하게 슬라이스해서 3등분해요.

⑤ 솥에 올리브 오일 1큰술을 넣고 중간 불에서 샬롯과 파프리카를 볶으면서 소금 약간으로 간합니다. 파프리카가 부드러워지면 불린 쌀을 넣고 1분 더 볶아요.
tip. 토핑용 샬롯과 파프리카를 남겨 (8)번 과정에서 장식하세요.

⑥ (5)에 (2)에서 우린 사프란 채수를 붓고 소금 ¼작은술과 버터 ½큰술로 간하고 뚜껑을 연 상태에서 중강불로 5분간 끓여요.

⑦ 바글바글 끓어오르면 주걱으로 2~3번 저은 후 솥밥 길이 생겼을 때 윗면을 정리하고 약한 불로 줄입니다.

⑧ 쌀 위에 아보카도를 올리고 주변에 토핑용 파프리카와 샬롯을 뿌린 후 뚜껑을 닫고 약한 불에서 10분 더 끓여요.

⑨ 불을 끄고 15분간 뜸 들입니다.

⑩ 뜸이 다 들었으면 뚜껑을 열고 향긋한 올리브 오일 1큰술과 통후추를 갈아 냅니다.

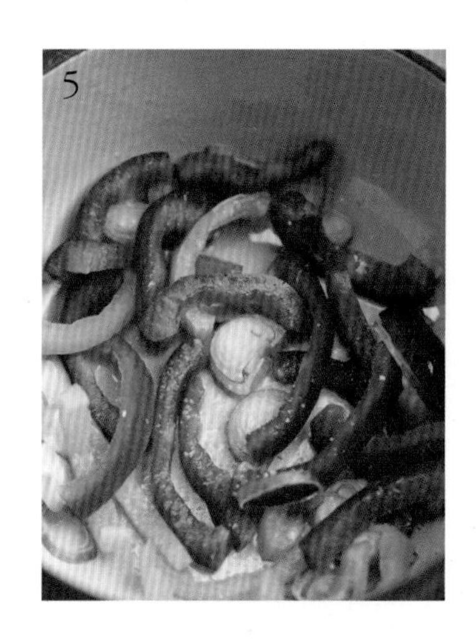

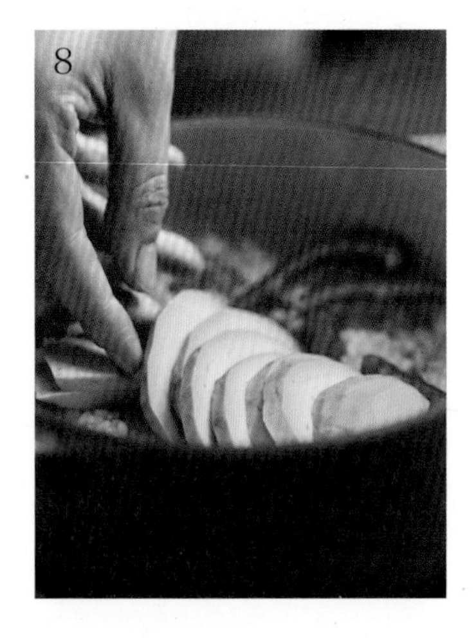

류니의 재료 이야기

파프리카는 색이 선명하고 통통하면서 윤기가 나는 것을 고르세요. 기분 좋고 상큼한 단맛을 내서 도톰하게 썰어 생으로 먹거나 샐러드에 곁들이기 좋답니다. 기름에 살짝 볶으면 영양분 흡수율이 높아진다고 해요. 비타민 C가 풍부해 기미와 주근깨를 예방하기도 하고요.

# 우메보시솥밥

탱글탱글하게 데친 만가닥버섯에 우메보시와 참기름으로 간을 해보세요. 그대로 먹어도 새콤하니 입맛을 당기는 반찬으로, 간을 조금 세게 하면 건강한 술안주 메뉴로도 괜찮아요. 우메보시마다 산미와 짠맛이 차이가 나기 때문에 그때그때 입맛에 맞게 양을 가감하는 게 중요합니다.

재료

· 쌀 300mℓ
· 녹차물 290mℓ
· 우메보시 2~3알
· 만가닥버섯 1팩
· 쪽파 ⅓단

양념 재료

· 참기름 2큰술
· 쯔유 1큰술
· 통깨 1큰술
· 맛술 1큰술

소요 시간

· 재료 준비 10분
· 요리 시간 30분

① 쌀은 흐르는 물에 여러 번 씻은 후 체에 밭쳐 물기를 뺀 상태에서 20분간 불립니다.
② 우메보시는 씨를 제거해 잘게 다지고 쪽파는 얇게 총총 썰어주세요.
③ 만가닥버섯은 밑동을 잘라내 한입 크기로 나눠요.
④ 끓는 물에 만가닥버섯을 넣어 1분간 데치고 찬물에 씻어 물기를 탈탈 털어요.
⑤ 유리 볼에 데친 만가닥버섯, 참기름 1큰술, 통깨 1큰술, 다진 우메보시 절반을 넣고 무쳐 놔요.
⑥ 솥에 불린 쌀과 녹차물을 붓고 다진 우메보시 나머지, 쯔유 1큰술, 맛술 1큰술로 간한 후 뚜껑을 연 상태에서 중강불로 5분간 끓입니다.
⑦ 바글바글 끓어오르면 주걱으로 2~3번 저은 후 솥밥 길이 생겼을 때 윗면을 정리하고 약한 불로 줄입니다.
⑧ 쌀 위에 (5)를 넓게 펴서 올리고 뚜껑을 닫아 약한 불에서 10분간 끓입니다.
⑨ 불에서 내려 15분간 뜸 들입니다.
⑩ 뚜껑을 열고 참기름 1큰술과 썰어놓은 쪽파를 뿌려 냅니다.

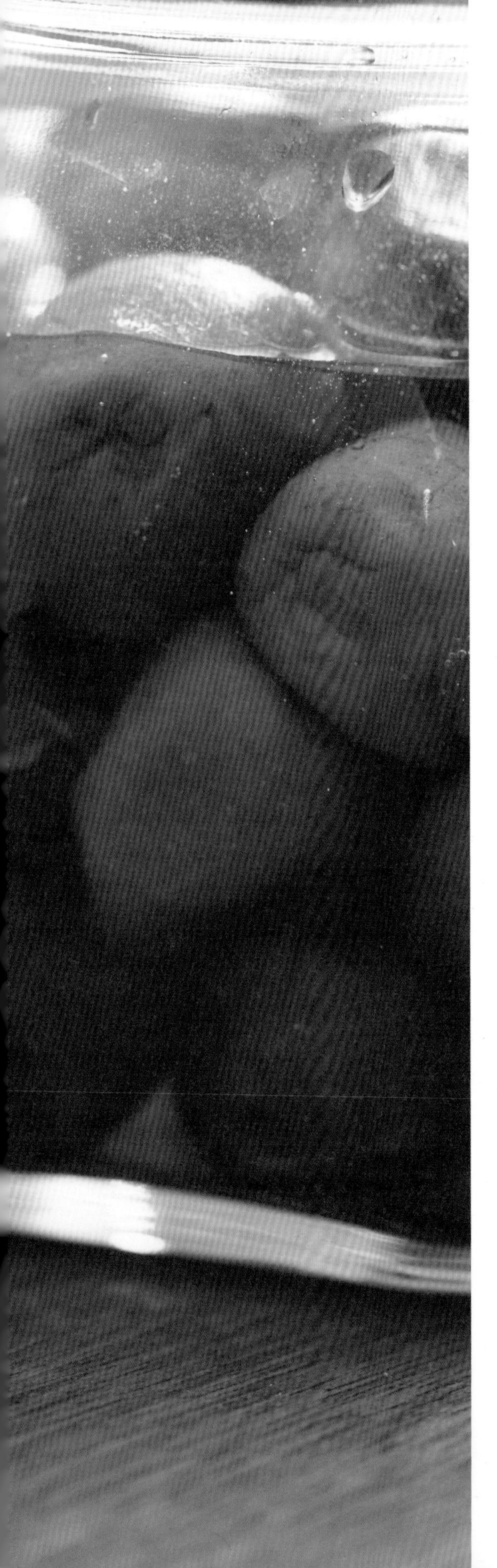

류니의 재료 이야기 우메보시는 짭짤하며 신맛이 강한 일본식 매실장아찌예요. 노랗게 잘 익은 황매실을 소금에 켜켜이 절인 후 햇볕에 말려 만든다고 해요. 각종 비타민과 미네랄이 듬뿍 들어 있고 한입 먹으면 침이 확 고일 정도로 입맛을 돋워 줍니다. 일본에선 주먹밥이나 도시락 메뉴로 흔히 활용해요.

7

8

10

# 래디시브로콜리솥밥

브로콜리는 단단한 줄기부터 작은 꽃까지 모두 사용할 거예요. 좀 더 고소한 맛을 원할 땐 브로콜리를 올리브 오일 대신 버터에 볶는 걸 추천할게요. 톡톡 튀는 빨간 색감에 앙증맞은 래디시까지 올려주니 한눈에 봐도 참 예쁘죠? 래디시는 강한 향이나 맛을 가지고 있지 않아 어느 요리에나 잘 어울린답니다.

재료

· 쌀 300㎖
· 채수 290㎖
· 래디시 4~5개
· 브로콜리 ½송이
· 호두 1줌

양념 재료

· 올리브 오일 2큰술
· 쯔유 1큰술
· 맛술 1큰술
· 소금 약간

소요 시간

· 재료 준비 10분
· 요리 시간 30분

① 쌀은 흐르는 물에 여러 번 씻은 후 체에 밭쳐 물기를 뺀 상태에서 20분간 불립니다.

② 래디시는 동그랗게 슬라이스하세요.

③ 브로콜리와 호두는 굵게 다져요.

④ 다진 호두를 마른 팬에서 1분간 볶아 준비합니다.

⑤ 같은 팬에 올리브 오일 1큰술을 두르고 브로콜리를 넣어 소금 약간으로 간한 후 주걱으로 누르면서 겉면이 노릇해질 때까지 구워요.
tip. 이때 브로콜리 겉면을 토치로 살짝 그슬려 불 향을 입히면 맛이 훨씬 고급스러워집니다.

⑥ 솥에 불린 쌀과 채수를 붓고 쯔유 1큰술, 맛술 1큰술로 간한 후 뚜껑을 연 상태에서 중강불로 5분간 끓입니다.

⑦ 바글바글 끓어오르면 주걱으로 2~3번 저은 후 솥밥 길이 생겼을 때 윗면을 정리하고 약한 불로 줄입니다.

⑧ 쌀 위에 래디시와 구운 브로콜리를 올리고 볶은 호두를 뿌린 후 뚜껑을 닫아 약한 불에서 10분 끓입니다.

⑨ 불에서 내려 15분간 뜸 들입니다.

⑩ 뚜껑을 열고 향긋한 올리브 오일 1큰술을 뿌려 냅니다.
tip. 발사믹 글레이즈 양념장(P. 029)을 곁들여보길 추천할게요!

2
4
5
6
7
8
CHASSEUR
10

**류니의 재료 이야기** 선명한 색감에 동글동글 모양도 너무나 예쁜 채소, 래디시. 얇게 슬라이스해서 샐러드 위에 얹으면 아삭거리는 청량감이 매력적이에요. 크기가 작은 빨간 무라고 생각하면 쉬운데, 무보다 알싸함이 진하고 시원한 맛도 더 강한 것 같아요. 좋은 래디시는 흠이 없고 단단하며 잎이 풍성한 것이랍니다.

# 방울토마토양송이솥밥

새콤하고 달콤한 방울토마토에 풍미 진한 양송이버섯을 곁들여보세요. 방울토마토에서 나온 즙이 쫄깃한 버섯과 섞이면서 감칠맛이 훨씬 깊어진답니다. 잘 익은 토마토를 큼직하게 깍둑 썰어 대체해도 괜찮아요.

재료

· 쌀 300㎖
· 채수 290㎖
· 방울토마토 7~8개
· 시금치 ⅓단
· 양송이버섯 6~7개

양념 재료

· 발사믹 글레이즈 1큰술
· 쯔유 1큰술
· 올리브 오일 4큰술
· 소금 약간
· 통후추 약간

소요 시간

· 재료 준비 5분
· 요리 시간 30분

① 쌀은 흐르는 물에 여러 번 씻은 후 체에 밭쳐 물기를 뺀 상태에서 20분간 불립니다.
② 양송이버섯은 모양을 살려 3등분으로 편 썰고 방울토마토는 꼭지를 따고 반으로 잘라요.
③ 시금치는 뿌리를 자르고 길이로 2등분합니다.
④ 팬에 올리브 오일 2큰술을 두르고 양송이버섯을 중간 불에서 구워주세요.
⑤ 버섯이 노릇노릇해지면 방울토마토를 더해 주걱으로 누르듯 구워요. 이때 토핑용 방울토마토를 조금 남겨주세요.
⑥ 방울토마토 껍질이 터지면 발사믹 글레이즈 1큰술, 소금 약간을 뿌려 재빨리 볶으며 섞어줍니다.
⑦ 솥에 올리브 오일 1큰술을 두르고 중간 불에서 시금치를 1분간 볶다가 불린 쌀과 채수를 붓고 쯔유 1큰술로 간한 후 뚜껑을 연 상태에서 중강불로 5분간 끓입니다.
⑧ 바글바글 끓어오르면 주걱으로 2~3번 저은 후 솥밥 길이 생겼을 때 윗면을 정리하고 약한 불로 줄여요.
⑨ 쌀 위에 ⑹과 토핑용 방울토마토를 올린 후 뚜껑을 닫고 약한 불에서 10분 더 끓여요.
⑩ 불을 끄고 15분간 뜸 들인 후 뚜껑을 열어 향긋한 올리브 오일 1큰술과 통후추를 갈아 냅니다.

류니의 재료 이야기 한입에 먹기 좋은 방울토마토는 여느 토마토보다 비타민 B · C와 칼슘 함유량이 더 높다고 해요. 또 색깔과 맛이 다양하고 조금 더 달콤한 맛을 느낄 수 있어요. 식이 섬유와 무기질이 풍부하고, 지방 합성을 억제하는 데 도움을 주는 라이코펜이 들어 있어 다이어트 식단에도 빠지지 않죠.

5

6

7

8

9

10

# 매콤무조림대파솥밥

시원한 맛을 자랑하는 무를 얇게 채 썰어 달큰한 무밥을 만들어도 좋지만, 이번엔 매콤한 고춧가루 양념에 조려 밥을 지어볼게요. 들기름에 노릇하게 구워 더 고소해진 대파를 곁들이면 다채로운 맛을 즐길 수 있어요.

재료

· 쌀 300㎖
· 채수 290㎖
· 무 ¼개
· 대파 흰 부분 2대분
· 쪽파 ¼대

양념 재료

· 들기름 2큰술
· 비건 버터 ½큰술
· 쯔유 1큰술
· 맛술 1큰술
· 통깨 1큰술

무 양념 재료

· 채수 200ml
· 고춧가루 3큰술
· 들기름 1큰술
· 매실청 1큰술
· 진간장 1큰술
· 다진 마늘 ½큰술
· 소금 약간
· 후춧가루 약간

소요 시간

· 재료 준비 10분
· 요리 시간 40분

① 쌀은 흐르는 물에 여러 번 씻은 후 체에 밭쳐 물기를 뺀 상태에서 20분간 불립니다.

② 무는 깨끗하게 씻어 4㎝ 길이로 두툼하게 썰고 부채꼴로 3등분합니다.

③ 대파 하얀 부분만 반으로 길게 썰고, 쪽파는 얇게 총총 썰어 준비해요.

④ 유리 볼에 채수를 제외한 분량의 무 양념 재료를 넣어 양념장을 만들어요.

⑤ 냄비에 무를 넣고 무 양념 재료의 채수를 부어 뚜껑을 닫고 중약불에서 10분간 끓여요.

⑥ 무가 익으면 ⑷를 붓고 약한 불에서 10분간 끓이며 양념이 잘 배도록 양념장을 끼얹으며 익혀주세요.

⑦ 달군 팬에 들기름 2큰술을 두르고 중간 불에서 대파를 노릇하게 구워 준비합니다.

⑧ 솥에 불린 쌀과 채수를 붓고 버터 ½큰술, 쯔유 1큰술, 맛술 1큰술로 간한 후 뚜껑을 연 상태에서 중강불로 5분간 끓입니다.

⑨ 바글바글 끓어오르면 주걱으로 2~3번 저은 후 솥밥 길이 생겼을 때 윗면을 정리하고 약한 불로 줄입니다.

⑩ 쌀 위에 구운 대파를 깔고 그 위에 무조림과 남은 양념까지 올린 후 뚜껑을 닫고 약한 불에서 10분 더 끓여요.

⑪ 불을 끄고 15분간 뜸 들인 후 뚜껑을 열어 썰어놓은 쪽파와 통깨 1큰술을 뿌려 냅니다.

5

6

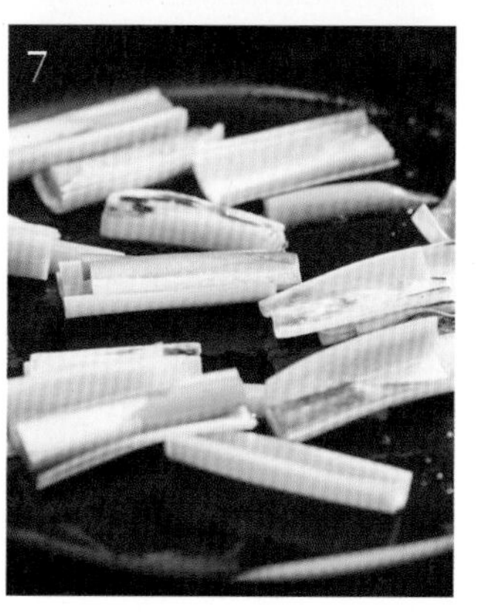
7

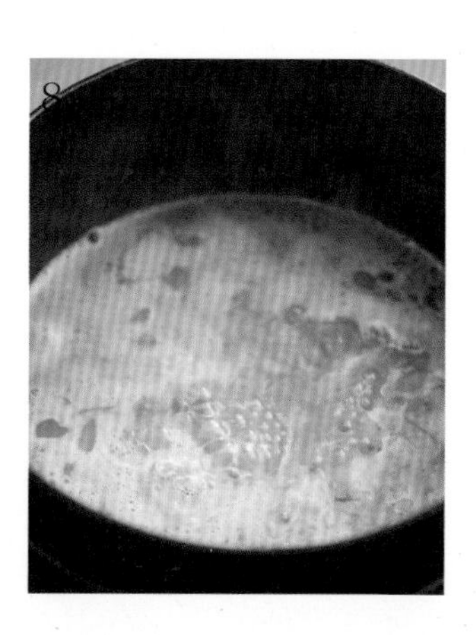
8

10

11

**류니의 재료 이야기** 말린 붉은 고추를 빻아 만든 고춧가루는 한식에서 빼놓을 수 없는 식재료입니다. 보통 굵은 고춧가루는 김치를 담글 때, 고운 고춧가루는 매운 요리를 할 때 색을 더 빨갛게 만들어주죠. 매운맛을 내는 캡사이신이 혈액순환을 원활하게 해주고 신경통, 관절염 같은 증상을 완화하는 역할을 한다고 해요. 신선하게 보관하고 싶다면 밀폐 용기에 담아 냉동실에 넣어두는 걸 추천해요.

# 팥시래기솥밥

진한 붉은빛을 띠는 팥밥. 팥을 많이 넣으면 전체적으로 맛이 텁텁해질 수 있으니 한 줌 정도 넣는 것이 적당해요. 씹을수록 단맛과 구수함이 입안 가득 퍼진답니다. 매콤하게 무친 향긋한 미나리초무침을 반찬으로 곁들여도 좋을 것 같아요.

재료

- 쌀 300㎖
- 채수 300㎖
- 팥 1줌
- 손질해 삶은 시래기 2줌

양념 재료

- 소금 ¼작은술
- 들기름 1큰술
- 통깨 1큰술

시래기 양념 재료

- 들기름 2큰술
- 들깨가루 1큰술
- 쯔유 1큰술
- 소금 약간

소요 시간

- 재료 준비 10분
- 요리 시간 40분

① 쌀은 흐르는 물에 여러 번 씻은 후 체에 밭쳐 물기를 뺀 상태에서 20분간 불립니다.

② 팥은 잘 씻어 냄비에 담아 잠길 정도로 물을 넣어 끓여요.

③ 팥이 끓어오르면 첫 물은 버린 후 다시 물을 붓고 팥이 부드럽게 익을 때까지 삶습니다.
tip. 구수한 풍미를 더 진하게 내고 싶을 땐 팥 삶은 물을 버리지 말고 밥물로 활용해보세요.

④ 삶은 시래기는 먹기 좋게 자른 후 물기를 꼭 짜서 분량의 시래기 양념 재료를 넣어 조물조물 무쳐주세요.

⑤ 솥에 불린 쌀과 삶은 팥, 채수를 붓고 소금 ¼작은술로 간한 후 뚜껑을 연 상태에서 중강불로 5분간 끓입니다.

⑥ 바글바글 끓어오르면 주걱으로 2~3번 저은 후 솥밥 길이 생겼을 때 윗면을 정리하고 약한 불로 줄입니다.

⑦ 쌀 위에 (4)를 올리고 뚜껑을 닫아 약한 불에서 10분간 끓입니다.

⑧ 불에서 내려 15분간 뜸 들입니다.

⑨ 뚜껑을 열고 통깨 1큰술, 들기름 1큰술을 뿌려 냅니다.

류니의 재료 이야기 팥은 적두 혹은 적소두라고도 불리죠. 사계절 내내 즐겨 먹는 잡곡으로 달큰하면서 부드러운 질감이 특징이에요. 특히 여름엔 시원한 팥빙수로 먹고, 겨울엔 따끈한 붕어빵에 넣어 먹습니다. 팥 속 사포닌이 체내 노폐물을 배출하고 부기를 가라앉히는 효과를 낸다고 합니다.

# 비트병아리콩솥밥

일반적으로 비트는 생으로 먹거나 주스로 갈아서 마시곤 합니다. 이번엔 작게 깍둑 썰어 밥을 지어볼게요. 비트를 부드럽게 익히면 생각보다 단맛이 진해지기 때문에 고소한 병아리콩과 잘 어우러진답니다. 처음엔 생소한 비트 맛이 부담스러울 수도 있으니 양을 취향껏 가감해주세요.

재료

- 쌀 300㎖
- 채수 300㎖
- 비트 ⅓개
- 병아리콩 1줌
- 쪽파 ¼단

양념 재료

- 소금 ¼작은술
- 맛술 1큰술
- 통깨 1큰술

소요 시간

- 재료 준비 20분
- 요리 시간 30분

① 쌀은 흐르는 물에 여러 번 씻은 후 체에 밭쳐 물기를 뺀 상태에서 20분간 불립니다.

② 병아리콩은 반나절 이상 불리고, 끓는 물에 20분 이상 부드러워질 때까지 삶은 후 찬물로 깨끗하게 헹궈 준비해요.

tip. 날씨가 덥거나 습할 때는 상하지 않게 냉장실에 넣어 불려주세요.

③ 비트는 작은 직육면체 모양으로 썰고 쪽파는 얇게 총총 썰어 준비해요.

④ 솥에 불린 쌀과 채수를 붓고 삶은 병아리콩과 비트를 넣은 후 소금 ¼ 작은술, 맛술 1큰술로 간하고 뚜껑을 연 상태에서 중강불로 5분간 끓입니다.

⑤ 바글바글 끓어오르면 주걱으로 2~3번 저은 후 솥밥 길이 생겼을 때 윗면을 정리하고 약한 불로 줄입니다.

⑥ 뚜껑을 닫아 약한 불에서 10분간 끓입니다.

⑦ 불에서 내려 15분간 뜸 들입니다.

⑧ 뚜껑을 열고 썰어놓은 쪽파와 통깨 1큰술을 뿌려 냅니다.

류니의 재료 이야기 비트는 얼핏 감자와 비슷하게 생겼지만 껍질을 까면 빨간색 과육에 놀라죠. 특유의 진한 붉은색은 '베타인'이란 색소로 토마토의 8배에 달하는 항산화 작용을 한다고 해요. 가을부터 초겨울이 제철이며 찬 바람을 맞고 자란 겨울 비트는 한층 진한 단맛을 낸답니다.